应用型本科信息大类专业"十三五"规划教材

# 办公自动化高级教程

主　编　王　哲　王小玲

副主编　王　师　李晶晶　张　翼

　　　　李　敏　吴志祥

U0343144

华中科技大学出版社

http://press.hust.edu.cn

中国·武汉

# 内 容 简 介

本书以高等学校计算机类专业及非计算机类专业培养实用型、应用型人才为培养目标,注重应用能力的培养,以及提高学生常见办公软件的应用能力,对内容进行统筹和组织。本书以 Word 长文档排版、Excel 数据处理与分析、PowerPoint 设计技巧和 Photoshop 图像处理为重点,注重对典型案例进行分析,让学生知其然,更要知其所以然。

全书共分 9 章,主要内容包括:办公自动化概述、Office 2010 简介、Word 2010 基础应用、Word 2010 高级应用、Excel 2010 基础应用、Excel 2010 高级应用、PowerPoint 2010 基础及应用、Photoshop 基础及应用、Office 2010 其他组件的应用等。本书的实用性和可操作性强,内容丰富,语言浅显易懂。本书可作为普通高等学校计算机及非计算机专业的"办公自动化"和"计算机基础"等课程的教材,也可作为即将步入工作岗位人士的 Office 学习材料及职场人士的查询手册,还可作为各类办公人员的培训使用教材,书中的大量技巧与操作小实例可供读者直接在工作中借鉴使用。

为了方便教学,本书还配有电子课件等教学资源包,任课教师可以发邮件至 hustpeiit@163.com 索取。

**图书在版编目(CIP)数据**

办公自动化高级教程/王哲,王小玲主编.—武汉:华中科技大学出版社,2018.8(2025.3 重印)
应用型本科信息大类专业"十三五"规划教材
ISBN 978-7-5680-4424-0

Ⅰ.① 办…　Ⅱ.①王…　②王…　Ⅲ.①办公自动化-应用软件-高等学校-教材　Ⅳ.①TP317.1

中国版本图书馆 CIP 数据核字(2018)第 200132 号

## 办公自动化高级教程
Bangong Zidonghua Gaoji Jiaocheng

王　哲　王小玲　主编

策划编辑:康　序
责任编辑:康　序
责任监印:朱　玢
出版发行:华中科技大学出版社(中国·武汉)　　　电话:(027)81321913
　　　　　武汉市东湖新技术开发区华工科技园　　　邮编:430223
录　　排:武汉三月禾文化传播有限公司
印　　刷:武汉邮科印务有限公司
开　　本:787mm×1092mm　1/16
印　　张:14
字　　数:358 千字
版　　次:2025 年 3 月第 1 版第 9 次印刷
定　　价:45.00 元

前言 PREFACE

　　"办公自动化"课程是很多高校计算机及非计算机专业学生经过"计算机基础"课程的学习以后，为进一步提高学生计算机应用能力而开设的课程。本书依据《中国高等院校计算机基础教育课程体系（2014）》提出的"以应用能力培养为导向，完善复合型创新人才培养实践教学体系建设"的工作思路，在内容设计上以知识模块为框架，以实例操作为基础，围绕高等学校培养"应用型人才"的教学宗旨进行组织，注重培养学生掌握办公自动化高级应用的能力，使学生能综合运用常见工具软件解决实际问题，为日后参加工作打下坚实的基础。

　　全书共分 9 章，主要内容包括：办公自动化概述、Office 2010 简介、Word 2010 基础应用、Word 2010 高级应用、Excel 2010 基础应用、Excel 2010 高级应用、PowerPoint 2010 基础及应用、Photoshop 基础及应用、Office 2010 其他组件的应用等。同时本书中的一些案例也兼顾了二级 Microsoft Office 高级应用的科目考试的要求，对通过全国计算机等级考试（二级）Microsoft Office 考试有所帮助。

　　本书的重点内容包括：Word 软件的长文档的处理、自定义样式的使用、新建模板文件的应用、数字签名文件的生成、邮件合并、自定义宏等功能；Excel 软件的数据透视表与透视图、自定义数据图表、高级数据筛选、分类汇总、复杂函数与公式等功能；PowerPoint 软件的自定义模板设计、自定义动画设计、比较与合并演示文稿，以及文件压缩、羽化、蒙板、滤镜等功能；Office 其他组件中的 Outlook 收发带有数字证书签名的邮件、加密邮件等功能。

　　本书由武汉科技大学王哲副教授组织编写，参与编写的全部编者都是多年从事"计算机基础"课程教学的教师或应用领域的专家，编写过程中将积累的教学经验和体会融入知识体系各个部分，力求知识结构合理，案例选择合适。全书由武汉科技大学王哲、王小玲担任主编；由武汉科技大学王师、李晶晶，湖北文理学院理工学院张翼，南宁学院李敏，武汉科技大学吴志祥担任副主编，全书由王哲统稿。具体编写分工为：王哲编写第 4、5、6 章，王小玲编写第 2、3 章，王师编写第 7 章，李晶晶编写第 8 章，张翼编写第 9 章，李敏编写第 1 章。

　　本书可作为各类普通高等学校计算机及非计算机专业的通识课教材，也可

I

作为办公人员及相关人员学习的参考书。

为了方便教学,本书还配有电子课件等教学资源包,任课教师可以发邮件至 hustpeiit@163.com 索取。

本书编写过程中参考和引用了国内外近年正式出版的有关 Office 应用的教材,在此谨向有关作者表示感谢。限于编者的水平和经验,书中难免有不妥之处,恳请广大读者和同行专家批评指正。

编　者

2025 年 1 月

# 目录 CONTENTS

# 第①章 办公自动化概述

当前我们正处在一个高速发展的信息时代,每个人的生活、学习、工作与数字化设备的关系越来越密切。在办公方面,办公桌用的个人计算机已经成为很多单位的标配。人们利用计算机可以实现在线阅读、文本操作、文件传输、文件打印、协同办公等多种功能,"办公自动化"由很多年以前的概念变为现实。

## 1.1 办公自动化的基本概念

### 1.1.1 办公自动化的概念

办公自动化(office automation,简称 OA)是由美国通过汽车公司 D. S. 哈特于 1936 年首次提出。

20 世纪 70 年代美国麻省理工学院教授 M. C. Zisman 为办公自动化做了一个较为完整的定义:"办公自动化就是将计算机技术、通信技术、系统科学及行为科学应用于传统的数据处理难以处理的数量庞大且结构不明确的、包括非数值型信息的办公事务处理的一项综合技术。"

1985 年,我国第一次 OA 规划讨论会对办公自动化的定义为:办公自动化是指办公人员利用先进的科学技术,不断使人的办公业务活动物化于人以外的各种设备中,并由这些设备与办公室人员构成服务于某种目标的人-机信息处理系统,以达到提高工作质量和工作效率的目的。

### 1.1.2 办公自动化的层次

办公自动化分为以下三个层次。

1) 事务处理型

事务处理型是最基本的应用,包括文字处理、个人日程安排、行文办理、函件处理、文档资料管理、编辑排版、电子报表、人事管理、工资管理,以及其他事务处理。

2) 管理控制型

管理控制型包含事务处理型。该层次的 OA 主要是 MIS,它利用各业务管理环节提供的基础数据,提炼出有用的管理信息,从而能够把握业务进程、降低经营风险、提高经营效率。

3) 辅助决策型

辅助决策型是最上层的应用,它以事务处理型和管理控制型办公系统的大量数据为基础,同时又以其自有的决策模型为支持。该层次的 OA 主要是决策支持系统。

### 1.1.3 办公自动化的模式

#### 1. 个人办公自动化

个人办公自动化主要是指支持个人办公的计算机应用技术,这些技术包括文字处理、数据处理、电子报表处理以及图像图像处理技术等内容。它一般通过使用通用的桌面办公软件如 Microsoft Office、WPS Office 等来实现,在单人单机使用时非常有效。

**2. 群体办公自动化**

群体办公自动化是支持群体间动态办公的综合自动化系统,为区别传统意义上的办公自动化系统,特指针对越来越频繁出现的跨单位、跨专业和超地理界限的信息交流和业务交汇的协同化自动办公的技术和系统。它有两个特征,即网络化和智能化。

### 1.1.4 办公自动化的意义

办公自动化的意义有以下三点。

(1) 实现办公活动的高效率、高质量。

(2) 实现办公信息处理的大容量、高速度。

(3) 实现办公活动的智能化。

##  1.2 办公自动化的发展现状与未来趋势

### 1.2.1 办公自动化的起源

20 世纪 60 年代初,美国 IBM 公司研制出一种打字机,最先将计算机系统引入办公室。1954 年美国通用电气公司最早使用计算机进行工资计算,开启了计算机数据处理的新阶段。

我国的办公自动化起步较晚。从 20 世纪 70 年代开始,办公自动化技术传入我国,20 世纪 80 年代才真正得到重视和发展。

### 1.2.2 现代办公技术设备的发展演变

办公自动化技术设备的发展经历了单机、局部网络、大规模计算机网络、全球性计算机网络四个阶段。

(1) 1975 年以前为办公自动化的第一阶段,其设备以单机为主。

(2) 20 世纪 70 年代后期至 20 世纪 80 年代初期为第二阶段,设备使用在单机应用的基础上,以单位为中心向单位内联机发展,建立起计算机局部网络系统(简称局部网络)。

(3) 20 世纪 80 年代后期至 20 世纪 90 年代中期为第三阶段,设备使用由计算机局部网络向跨单位、跨地区联机系统发展的阶段。

(4) 20 世纪 90 年代中期至今为第四阶段,是全面实现办公自动化的阶段。

### 1.2.3 办公自动化的发展趋势

办公自动化未来发展的趋势有以下几个特点。

(1) 办公环境网络化。

(2) 办公操作无纸化。

(3) 办公服务无人化。

(4) 办公设备移动化。

(5) 办公思想协同化。

(6) 办公信息多媒体化。

(7) 办公管理知识化。

### 1.2.4 我国办公自动化发展过程及其整体现状

**1. 发展过程**

我国的办公自动化从 20 世纪 80 年代初进入启蒙阶段,并于 20 世纪 80 年代中期,制定了办公自动化的发展目标及远景规划。

20 世纪 80 年代末,我国开始大力发展办公自动化,到现在已经有十几年的历史。这个阶段我国建立了一批能体现国家实力的国家级办公自动化系统。

20 世纪 90 年代中期之后,随着网络技术(如 100 M 以太网)、群件系统(特别是 Microsoft Exchange Server 和 Louts Notes)、数据库技术(成熟的关系数据库管理系统)和各种面向对象开发工具(如 Microsoft Visual Studio)等技术和产品日渐成熟而被广泛应用,同时由于国内经济的飞速发展引发市场竞争的逐渐激烈,以及政府管理职能的扩大和优化,这一切导致政府和企业对办公自动化产品的需求快速增长。这时,办公自动化开始进入一个快速的发展阶段。

**2. 整体现状**

我国办公自动化发展已经经历了三个阶段,各个单位办公自动化的应用程度有所不同,大致可以分为以下四种情况。

(1)起步较慢,还停留在使用没有联网的计算机的阶段,通过使用 MS Office 系列、WPS 系列应用软件来提高个人办公效率。

(2)已经建立了自己的 Intranet 网络,但没有好的应用系统支持协同工作,仍然是个人办公。网络处于闲置状态,单位的投资没有产生应有的效益。

(3)已经建立了自己的 Intranet 网络,单位内部员工通过电子邮件交流信息,实现了有限的协同工作,但产生的效益不明显。

(4)已经建立了自己的 Intranet 网络;使用经二次开发的通用办公自动化系统;能较好地支持信息共享和协同工作,与外界联系的信息渠道畅通;通过 Internet 发布、宣传单位的有关情况;Intranet 网络已经对单位的管理产生了明显的效益。现在正着手开发或已经在使用针对业务定制的综合办公自动化系统,实现科学的管理和决策,增强单位的竞争能力,使企业不断发展壮大。

 **1.3 办公自动化系统的概念**

### 1.3.1 办公自动化系统的含义

办公自动化系统是以计算机科学、信息科学、地理空间科学、行为科学和网络通信技术等现代科学技术为支撑,以提高专项和综合业务管理水平和辅助决策效果为目的的综合性人-机信息系统。

### 1.3.2 办公自动化系统的构成要素

办公自动化系统的构成要素包括人员、业务、机构、制度、设备、环境等多个方面,其中最主要的有四个,分别是:① 办公人员;② 办公信息;③ 办公流程;④ 办公设备。

### 1.3.3 办公自动化系统的主要功能

**1. 办公自动化系统的基本功能**

办公自动化系统的基本功能包括以下几个方面:① 公文管理;② 会议管理;③ 部门事务处理;④ 个人办公管理;⑤ 领导日程管理;⑥ 文档资料管理;⑦ 人员权限管理;⑧ 业务信息管理。

**2. 集成办公环境下办公自动化系统的功能**

具体来说,一个完整的办公自动化系统应该实现以下七个方面的功能:① 建立内部通信平台;② 建立信息发布平台;③ 实现工作流程自动化;④ 实现文档管理自动化;⑤ 实现辅助办公自动化;⑥ 促进业务信息集成;⑦ 实现分布式办公。

 ## 1.4　办公自动化系统的类型

办公自动化系统的常见类型主要有以下几类:① 政府型办公自动化系统;② 事业型办公自动化系统;③ 企业型办公自动化系统;④ 经营型办公自动化系统;⑤ 专业型办公自动化系统;⑥ 案例型办公自动化系统;⑦ 控制中心型办公自动化系统;⑧ 事务型办公自动化系统。

 ## 1.5　办公自动化系统的安全与保密

**1. 加强系统安全与保密工作的必要性和重要性**

办公自动化系统中输入、处理、输出的是政府部门、企事业单位的有用信息,都有非常重要的经济和实用价值以及一定程度的保密性要求。所以,加强其安全性,保证其内容的保密性就显得非常重要。特别是在现在开放式的网络办公环境下,系统很容易遭到非法人员、黑客和病毒的入侵,传输的数据也可能被截取、篡改、删除。因此,加强系统安全与保密显得非常重要。

**2. 影响办公自动化系统的安全与保密因素**

(1) 安全保密因素包括:人为原因、自然原因、计算机病毒、其他原因等。

(2) 系统安全的标志:① 能防止对信息的非法窃取;② 预防泄露和毁坏事件的发生;③ 在毁坏后的更正以及恢复正常工作的能力较强,所需时间较短;④ 安全保密系统符合经济要求;⑤ 安全保密系统符合使用方便性的要求。

**3. 数据保密的基本要求**

(1) 数据隐蔽:避免数据被非授权人截获或窃取。

(2) 数据完整:根据通信期间数据的完整与否,检验数据是否被伪造和篡改。

(3) 发送方鉴别:证明发送方的身份以防止冒名顶替。

(4) 防发送方否认:在保证数据完整性有发送方身份的前提下,防止发送方事后不承认发送过此文件。

**4. 加强系统安全和保密的对策**

加强系统安全和保密的常用措施有以下几方面。

(1) 行政措施:行政法规、规章制度,以及社会允许的各种方式等。

(2) 法律措施:针对计算机犯罪的打击、制裁手段。

(3) 软件保护措施:采用软件技术辨别、控制用户和对信息加密等。

(4) 物理保护措施:对场地环境和软硬件设备及存储介质等保护。

**5. 保证办公自动化系统安全的对策**

(1) 安全监视技术:用户登记,设置权限,存取控制,工作日志等。

(2) "防火墙"技术。

(3) 自适应安全管理件。

(4) 终端识别。

(5) 计算机安全加权。

**6. 加强系统数据保密的常用对策**

1）用户认证技术

（1）利用用户专有信息：口令、密码、通行字等。

（2）利用用户专有用品：钥匙、IC卡、磁卡等。

（3）利用保密算法：加密函数、动态口令等。

（4）利用用户的生理特征：指纹、声音、视网膜等。

2）计算机数据加密技术

（1）对称密钥加密：明文通过算法变为密文，密文到达对方通过解密算法再度变为明文。对称加密的原理如图1-1所示。

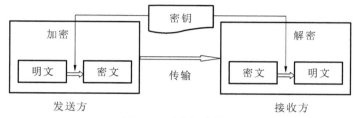

**图1-1 对称加密原理**

（2）公开密钥加密：即非对称密钥加密，公钥、私钥一起成对使用，在加密的时候使用接收方公钥加密，接收方收到后用自己的私钥解密，得到明文。公开密钥加密的原理如图1-2所示。

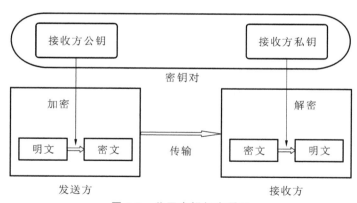

**图1-2 公开密钥加密原理**

3）数字签名技术

利用数字签名技术能够实现在网上传输的文件具有以下身份保证。

（1）接收者能够核实发送者对报文的签名。

（2）发送者事后不能抵赖对报文的签名。

（3）接收者不能伪造对报文的签名。

一般单位采用的系统安全保密对策方案有以下几种。

（1）直接利用操作系统、数据库、电子邮件以及应用系统提供的安全控制机制，对用户的权限进行控制和管理。

（2）在网络内的桌面工作站上安装防病毒软件，加强病毒防范。

（3）在Intranet与Internet的连接处加装防火墙和隔离设备。

（4）对重要信息的传输采用加密技术和数字签名技术。

数字签名技术的原理如图 1-3 所示。

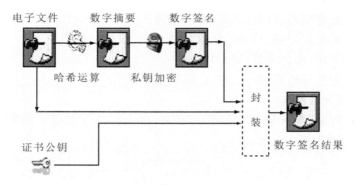

图 1-3　数字签名技术的原理

 ## 1.6　本书的主要内容

本书中所指的办公自动化特指个人办公自动化，主要介绍个人办公的常用工具的应用技巧，包括 Microsoft Office 中的 Word、Excel、PowerPoint，以及 Adobe Photoshop 等。群体办公自动化的内容将在"电子政务"的课程中介绍。

# 习　题　1

1. 什么是办公自动化？
2. 办公自动化有哪几种模式？
3. 什么是办公自动化系统？它是如何组成的？它有哪些类别？
4. 办公自动化系统中是如何保证数据的安全的？
5. 办公自动化系统中的数字签名是如何实现签名者的身份识别和签名后的不可抵赖？

# 第②章    Office 2010 简介

Office 2010 是微软 Office 产品史上具有创新性的一个版本,在 Office 2007 这一革命性产品的基础上又进行了很多改进,其开发代号为 Office 14。它几乎包括了 Word、Excel、PowerPoint、Outlook、OneNote、Publisher、Access 等所有的 Office 组件,不仅窗口界面较之前的版本界面更美观简洁,而且功能设计比早期版本更加完善,以更好满足用户需求。Office 2010 的商标如图 2-1 所示。

图 2-1    Office 2010 商标

##  2.1    Office 2010 简介

Office 2010 是一个庞大的办公软件与工具软件的集合体,并以新颖实用的界面赢得了广大用户的青睐。其中,Office 2010 中的文字和图像功能可以帮助用户创建美观的文档、电子表格与演示文稿,高级的数据集成功能可帮助用户筛选、分类、可视化与分析数据,强大的管理任务与日程的日历功能可以帮助用户筛选、分类、排序邮件。另外,用户还可以利用 Office 2010 新增的功能区、图形与格式设置、时间与通信管理工具等功能,快速、高效与轻松地完成各种复杂任务。

##  2.2    Office 2010 的特色与功能

### 2.2.1    创建专业水准的文档

Microsoft Word 2010 提供了非常出色的功能,其增强后的功能可创建专业水准的文档,用户可以更加轻松地与他人协同工作并可在任何地点访问自己的文件。Office 2010 相对于 Office 2007 进行了如下改进。

**1. 发现改进的搜索与导航体验**

在 Word 2010 中,可以更加迅速、轻松地查找所需的信息。利用改进的新【查找】功能,用户现在可以在单个窗格中查看搜索结果的摘要,并单击以访问任何单独的结果。改进的导航窗格会提供文档的直观大纲,以便于用户对所需的内容进行快速浏览、排序和查找。

**2. 与他人协同工作,而不必排队等候**

Word 2010 重新定义了人们可针对某个文档协同工作的方式。利用共同创作功能,用户可以在编辑论文的同时,与他人分享自己的观点。用户也可以查看正与其一起创作文档的其他人的状态,并在不退出 Word 的情况下轻松发起会话。

### 3. 几乎可从任何位置访问和共享文档

在线发布文档，然后可以通过任何一台计算机或用户的 Windows 电话对文档进行访问、查看和编辑。借助 Word 2010，用户可以从多个位置使用多种设备来尽情体会非凡的文档操作过程。

Microsoft Word Web App，当用户离开办公室、出门在外或离开学校时，可利用 Web 浏览器来编辑文档，同时不影响其的查看体验的质量。

Microsoft Word Mobile 2010，利用专门适合于用户的 Windows 电话的移动版本的增强型 Word，保持更新并在必要时立即采取行动。

### 4. 向文本添加视觉效果

利用 Word 2010，用户可以像应用粗体和下划线等功能那样，将诸如阴影、凹凸效果、发光、映像等格式效果轻松应用到文档中。可以对使用了可视化效果的文本执行拼写检查，并将文本效果添加到段落样式中。而且现在可将很多用于图像的效果同时用于文本和形状中，从而使用户能够无缝地协调全部内容。

### 5. 将文本转换为醒目的图表

Word 2010 为用户提供了用于使文档增加视觉效果的更多选项。从众多的附加 SmartArt 图形中进行选择，只需键入项目符号列表，即可构建精彩的图表。使用 SmartArt 可将基本的要点句文本转换为视觉画面，以更好地阐释用户的观点。

### 6. 为用户的文档增加视觉冲击力

利用 Word 2010 中提供的新型图片编辑工具，可在不使用其他照片编辑软件的情况下，添加特殊的图片效果。用户可以利用色彩饱和度和色温控件来轻松调整图片，还可以利用所提供的改进工具来更轻松、精确地对图像进行裁剪和更正，从而有助于用户将一个简单的文档转化为一件艺术作品。

### 7. 恢复用户认为已丢失的工作

在某个文档上工作片刻之后，用户可能会在未保存该文档的情况下意外地将其关闭。利用 Word 2010，用户可以像打开任何文件那样轻松恢复最近所编辑文件的草稿版本，即使用户从未保存过该文档也是如此。

### 8. 跨越沟通障碍

Word 2010 有助于用户跨不同语言进行有效的工作和交流，能够比以往更轻松地翻译某个单词、词组或文档。针对屏幕提示、帮助内容和显示，分别对语言进行不同的设置。利用英语文本的语音转换播放功能，为以英语为第二语言的用户提供额外的帮助。

### 9. 将屏幕截图插入到文档

直接从 Word 2010 中捕获和插入屏幕截图，从而快速、轻松地将视觉插图纳入到用户的工作中。如果使用已启用 Tablet 的设备（如 Tablet PC 或 Wacom Tablet），则使用经过改进的工具使设置墨迹格式与设置形状格式一样轻松。

### 10. 利用增强的用户体验完成更多工作

Word 2010 可简化功能的访问方式。新的 Microsoft Office Backstage 视图将代替传统的【文件】菜单，从而使用户只需单击几次鼠标即可完成保存、共享、打印和发布文档等操作。利用改进的功能区，可以更快速地访问用户的常用命令。

### 2.2.2　基于 XML 的文件格式

Office 2010 程序中引进了的一种基于 Open XML 的默认文件格式，可以形成【.docx】、【.pptx】和【.xlsx】等形式的文件扩展名。

基于 Open XML 的这种全新的文件格式，使得 Office Word 2010 文件变得更小、更可靠，并能与信息系统和外部数据源深入地集成。XML 文档格式的优点如下。

（1）缩小文件大小并增强损坏恢复能力。新的文件格式是经过压缩、分段的文件格式，可大大缩小文件的大小，并有助于确保损坏的文件能够轻松恢复。

（2）将文档与业务信息连接。在业务中，用户需要创建文档来沟通重要的业务数据。用户可通过自动完成该沟通过程来节省时间并降低出错风险。使用新的文档控件与数据绑定连接到后端系统，即可创建能自我更新的动态智能文档。

（3）在文档信息面板中管理文档属性。利用文档信息面板，可以在使用 Word 文档时方便地查看和编辑文档属性。在 Word 中，文档信息面板显示在文档的顶部。用户可以使用文档信息面板来查看和编辑标准的 Microsoft Office 文档属性，以及已保存到文档管理服务器中的文件的属性。如果使用文档信息面板来编辑服务器文档的文档属性，则更新的属性将直接保存到服务器中。

### 2.2.3　安全共享

在用户发送文档草稿以征求其他人的意见时，Office 2010 会帮助用户有效地收集和管理他们的修订和批注。另外，在用户准备发布文档时，Word 2010 会帮助用户确保所发布的文档中不存在任何未经处理的修订和批注。

### 2.2.4　支持数字签名

可以通过添加数字签名来为文档的身份验证、完整性和来源提供保证。在 Office 2010 中，用户可以向文档中添加数字签名，证明文件在签名后无任何修改，并一定来源于原作者。

### 2.2.5　Office 2010 的诊断与恢复

Office 2010 为用户提供了发生问题时使用的诊断与恢复功能。其中，诊断功能是根据一系列的诊断测试来帮助用户发现并解决计算机崩溃的原因，同时还可以确定解决其他问题的方法。

Office 2010 的恢复功能，是指在计算机在异常关闭时，重启计算机后 Office 便会自动恢复程序，可避免因异常问题而造成的文件丢失。

 ## 2.3　Office 2010 组件介绍

Office 2010 是 Microsoft 公司推出的主流办公软件，其应用程序包含了应用于各个领域的多个组件。例如，用于文字处理的 Word、用于电子表格处理的 Excel、用于创建演示文稿的 PowerPoint、用于邮件处理的 Outlook 等组件。Office 2010 的组件如图 2-2 所示。

### 2.3.1　Word 2010 简介

Word 2010 是 Office 应用程序中的文字处理程序，可以对文本进行编辑、排版、打印等工作，从而帮助用户制作具有专业水准的文档。Word 2010 改进了用于创建专业品质文档的功能，提供了更加简单的方法来让用户与他人协同合作，使用户几乎从任何位置都能访问

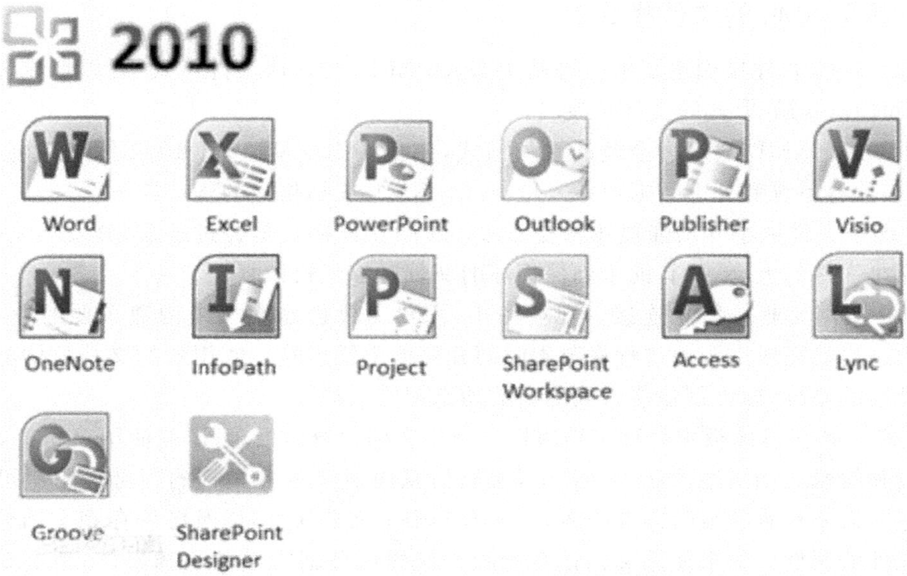

图 2-2    Office 组件

自己的文件。具体的功能有：全新的导航搜索窗口、生动的文档视觉效果应用、更加安全的文档恢复功能、简单便捷的截图功能等。另外，Word 2010 中丰富的审阅、批注与比较功能，可以帮助用户快速收集和管理来自多种渠道的反馈信息。

### 2.3.2    Excel 2010 简介

Excel 2010 是 Office 应用程序中的电子表格处理程序，也是应用较为广泛的办公组件之一，应用于管理、统计财经、金融等众多领域，主要用来进行创建表格、公式计算、财务分析、数据汇总、图表制作、透视表和透视图等操作。Excel 2010 能够用比以往使用更多的方式来分析、管理和共享信息，新的数据分析和可视化工具会帮助跟踪和亮显重要的数据趋势。

### 2.3.3    PowerPoint 2010 简介

PowerPoint 2010 是 Office 中非常重要的一个应用软件，它的主要功能是进行幻灯片的制作和演示，可有效帮助用户进行演讲、教学和产品演示等，更多的应用于企业和学校等教育机构。最新的 PowerPoint 2010 提供了比以往更多的方法为用户创建动态演示文稿并与访问群体共享，具体功能体现为：可为文稿带来更多的活力和视觉冲击效果的新增图片效果应用、支持直接嵌入和编辑视频文件、依托 SmartArt 可以快速创建美妙绝伦的图表演示文稿、全新的幻灯动态切换展示等。

### 2.3.4    Outlook 2010 简介

Outlook 2010 是 Office 2010 套装软件的组件之一，具有收发电子邮件、管理联系人信息、记日记、安排日程、分配任务等多种功能。其中，实现快速收发大量邮件是 Outlook 2010 最基本的功能，设置好该客户端后，可以大大提高效率。

### 2.3.5    OneNote 2010 简介

OneNote 2010 是一种数字笔记本，它为用户提供了一个收集笔记和信息的位置，并提供了强大的搜索功能和易用的共享笔记本。

OneNote 2010 提供了一个将笔记存储和共享在一个易于访问位置的最终场所。使用 OneNote 2010 捕获文本、照片和视频或音频文件,可以使用户的想法、创意和重要信息随时可得。通过共享笔记本,用户可以与网络上的其他人迅速交换笔记,使每个人保持同步和最新状态。通过轻松将笔记本置于联机状态并使用 Web 或 Smartphone,可以从几乎任何地方进行访问,还可以在旅途中使用 OneNote 2010。

### 2.3.6 Publisher 2010 简介

Publisher 2010 可以让用户可以轻松创建个性化和共享范围广泛且具有专业品质的出版物和市场营销材料。

利用 Publisher 2010,用户还可以轻松地采用各种出版物类型来传达消息,从而节省时间和金钱。无论是创建小册子、新闻稿、明信片、贺卡还是电子邮件新闻稿,用户都可以得到高质量的工作成果,而不需要具有图形设计经验。

### 2.3.7 其他组件

- Access 2010:Access 2010 是微软把数据库引擎的图形用户界面和软件开发工具结合在一起的一个数据库管理系统。
- Groove 2010:Groove 产品是由微软公司收购的 Groove Networks 公司研发的,它是一个方便企业办公的协同办公软件。Groove 提供了一个平台,每一个人都可以这个工作区对相关文件进行修改,修改后 Groove 会将更改后的文件同步到在工作区的每一个人
- Visio 2010:Visio 2010 是一款便于 IT 和商务专业人员就复杂信息、系统和流程进行可视化处理、分析和交流的软件。使用具有专业外观的 Visio 2010 图表,可以促进对系统和流程的了解,深入了解复杂信息并利用这些知识做出更好的业务决策。
- Project 2010:Microsoft Project 是一个国际上通用的项目管理工具软件,汇集了许多成熟的项目管理现代理论和方法,可以帮助项目管理者实现时间、资源、成本的计划、控制。
- SharePoint 2010:可以帮助企业用户轻松完成日常工作中诸如文档审批、在线申请等业务流程,同时提供多种接口实现后台业务系统的集成,它将 Office 桌面端应用的优势与企业级知识管理、门户管理、人力资源管理、资产管理、协同办公、系统集成、BI 商务智能等需求融为一体,满足不同类型企业的办公需求。
- InfoPath 2010:InfoPath 2010 是企业级搜集信息和制作表单的工具,将很多的界面控件集成在该工具中,为企业开发表单搜集系统提供了极大的方便。作为一个数据存储中间层技术,InfoPath 提供了大量常用控件,如 Date Picker、文本框、可选节、重复节等,同时提供很多表格页面设计工具。开发人员可以为每个控件设置相应的数据有效性规则或数学公式。

 ## 2.4 语言功能

在 Office 2010 中,用户还可以实现翻译文字与简繁转换的语言处理。其中,翻译文字是把一种语言产物,在保持内容不变的情况下转换为另一种语言产物的过程。而简繁转换是将文字从简体中文到繁体中文之间相互转换的过程。

### 2.4.1 翻译文字

用户可以运用 Office 2010 中的"信息检索"(或直接运用"翻译")功能,来实现双语词典

翻译单个字词或短语,以及搜索字典、百科全书或翻译服务的参考资料。选择【审阅】选项卡【校对】选项组中的【信息检索】命令。在弹出的【信息检索】任务窗格中,在【搜索】下拉列表中选择【翻译】选项。同时,点击【翻译为】下拉按钮,选择相应的语言,单击该任务窗格中的【开始搜索】按钮,即可翻译出所需的信息。

### 2.4.2 英语助手

英语助手是 Microsoft Office Online 的一项服务,用于帮助以英语为第二语言的 Office 用户书写专业的英语文字。该服务提供了集成的参考指南,帮助提供拼写检查、解释和用法,以及对同义词和搭配(一般或经常一起使用的两个单词之间的关联)的建议。选择【校对】选项组中的【英语助手】命令。在弹出的【信息检索】任务窗格中,在【搜索】下拉列表中选择【同义词库:英语(美国)】选项即可。

### 2.4.3 Word 文档转换为 PDF 或 XPS

Word 2010 支持将文件导出为可移植文档格式(PDF)和 XML 纸张规范格式(XPS)。

PDF 是一种版式固定的电子文件格式,可以保留文档格式并允许文件共享。当联机查看或打印 PDF 格式的文件时,该文件可以保持与原文完全一致的格式,文件中的数据也不能被轻易更改。对于要使用专业印刷方法进行复制的文档,PDF 格式也很有用。

XPS 是一种电子文件格式,可以保留文档格式并允许文件共享。XPS 格式可确保在联机查看或打印 XPS 格式的文件时,该文件可以保持与原文完全一致的格式,文件中的数据也不能被轻易更改。

##  2.5 Office 2010 协作应用

Office 2010 为用户在多个组件间协作应用提供较为完备的解决方案,使用户文件能在各个组件中实现交互。较低的学习成本和强大的交互功能使得用户完全可以运用 Office 各组件协同工作,在提高工作效率的同时增加 Office 文件的美观性与实用性。

### 2.5.1 Word 与其他组件的协作

Word 是 Office 套装中最受欢迎的组件之一,也是各办公人员必备的工具之一。利用 Word 不仅可以创建精美的文档,而且还可以调用 Excel 中的图表、数据等元素。另外,Word 还可以与 PowerPoint 及 Outlook 之间进行协同工作。

### 2.5.2 Excel 与其他组件的协作

Excel 除了可以与 Word 组件协作应用之外,还可以与 PowerPoint 与 Outlook 组件之间进行协作应用,用户可以在其他组件中植入 Excel 表格并使用 Excel 基础功能。

## 习 题 2

1. Office 2010 包含的组件有哪些? 各有什么功能?

2. Open XML 文档有什么优点?

3. Office 2010 相对于 Office 2007 做了哪些改进?

4. Outlook 2010 有什么作用? 如何配置 Outlook?

5. Office 2010 支持数字签名的意义何在?

# 第3章  Word 2010 基础应用

Word 2010 是 Office 2010 软件中的文字处理组件,在计算机使用者中占据着重要地位。利用 Word 2010 不仅可以创建纯文本、图表文本、表格文本等各种类型的文档,而且还可以使用字体、段落、版式等格式功能进行高级排版。

## 3.1 Word 2010 界面介绍

Word 2010 的界面比之前版本的界面,更具有美观性与实用性。在 Word 2010 中,选项卡与选项组代替了 Word 2003 以前版本中传统的菜单栏与工具栏,用户可通过单击相应的选项卡来快速展开各选项组命令。Word 2010 启动的界面如图 3-1 所示。

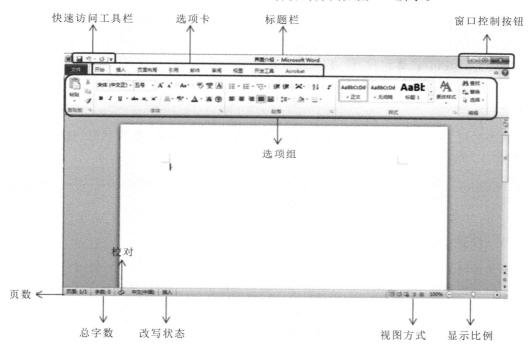

图 3-1 Word 2010 界面

### 3.1.1 标题栏

标题栏位于窗口的最上方,由文件按钮、快速访问工具栏、当前工作表名称、窗口可以控制按钮等组成。通过标题栏,不仅可以调整窗口的大小,查看当前所编辑的文档名称,而且还可以进行新建、打开、保存等文档操作。

### 3.1.2 功能区

Word 2010 中的功能区位于标题栏的下方,功能区通过选项卡与选项组来展示各级命令,便于用户查找与使用。用户可通过单击选项卡的方法展开或隐藏选项组,同时用户也可以使用访问键来操作功能区。Word 2010 的功能区用户界面如图 3-2 所示。

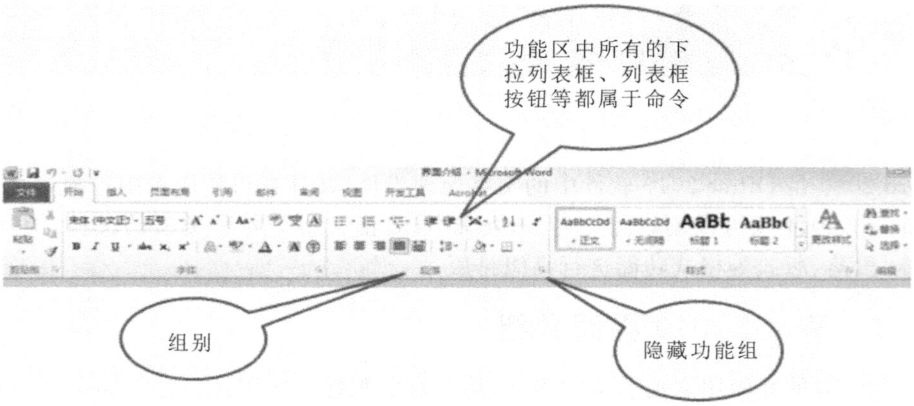

功能区中所有的下拉列表框、列表框按钮等都属于命令

组别

隐藏功能组

图 3-2　功能区用户界面

### 3.1.3　编辑区

编辑区位于 Word 2010 窗口的中间位置，可以进行输入文本、插入表格、插入图片等操作，以及对文档内容进行删除、移动、设置格式等编辑操作。在编辑区中，主要分为制表符、滚动条、标尺、文档编辑区与选择浏览对象等五个部分。

### 3.1.4　状态栏

状态栏位于窗口的最底端，主要用于显示文档的页数、字数、编辑状态、视图与显示比例，如图 3-3 所示。

页面: 3/22 | 字数: 4,553 | 中文(中国) | 插入

图 3-3　Word 2010 的状态栏

### 3.1.5　快速访问工具栏

默认情况下，快速访问工具栏位于 Word 窗口的顶部，如图 3-4 所示，使用它可以快速访问用户频繁使用的工具。用户可以将命令添加到快速访问工具栏，从而对其进行自定义。

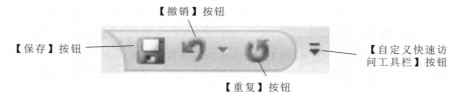

【撤销】按钮

【保存】按钮

【自定义快速访问工具栏】按钮

【重复】按钮

图 3-4　快速访问工具栏

将常用的命令添加到快速访问工具栏，有如下两种方法。

**方法一**　（1）单击【文件】选项，在弹出的菜单中选择【选项】选项。

（2）在弹出的【Word 选项】中点击左侧的列表中的【自定义功能区】选项，如图 3-5 所示。

（3）在该对话框中的【从下列位置选择命令(C)】下拉列表中选择需要的命令，然后在其下边的列表框中选择具体的命令，单击【添加(A)】按钮，将其添加到右侧的【自定义快速访问工具栏(O)】列表框中。

（4）添加完成后，单击【确定】按钮，即可将常用的命令添加到快速访问工具栏中。

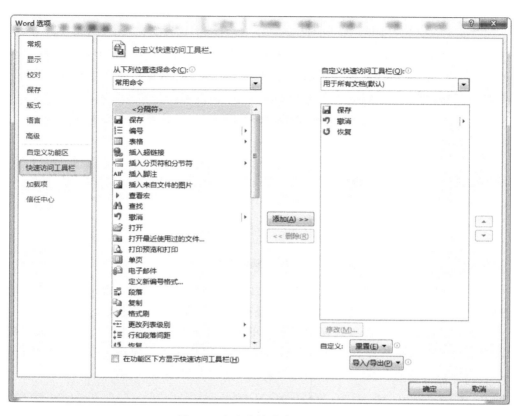

图 3-5　自定义快速访问工具栏

**注意**：在对话框中选中【在功能区下方显示快速访问工具栏(H)】复选框，可在功能区下方显示快速访问工具栏。

**方法二**　例如，将【插入】选项卡中【形状】添加至【快速访问工具栏】，如图 3-6 所示。

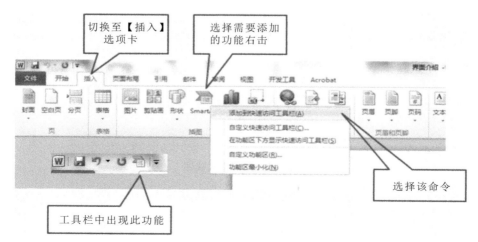

图 3-6　添加到快速访问工具栏

## 3.2 Word 2010 的视图

Word 2010 的文档视图一共有五种，即页面视图、阅读版式视图、Web 版式视图、大纲视图、草稿视图等。默认打开的是页面视图，在页面视图下，我们看到的文档被分为一个个单独的页面，非常直观。打开【视图】选项卡，选择其中一种视图，如图 3-7 所示。

图 3-7　视图选项

（1）页面视图：页面视图可以显示 Word 2010 文档的打印结果外观，主要包括页眉、页脚、图形对象、分栏设置、页面边距等元素，是最接近打印结果的页面视图。

（2）阅读版式视图：阅读版式视图以图书的分栏样式显示 Word 2010 文档，文件按钮、功能区等窗口元素被隐藏起来。在阅读版式视图中，用户还可以单击工具按钮选择各种阅读工具。阅读版式视图下文件像一本打开的书，如图 3-8 所示。

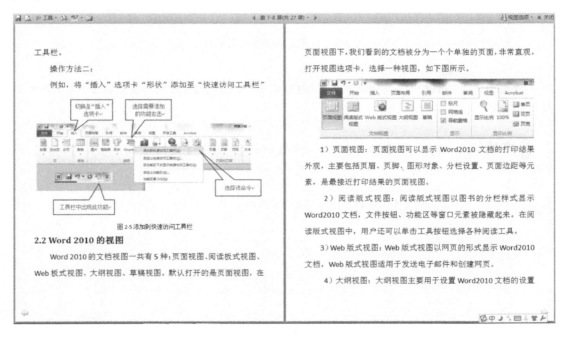

图 3-8　阅读版式视图

（3）Web 版式视图：Web 版式视图以网页的形式显示 Word 2010 文档，Web 版式视图适用于发送电子邮件和创建网页。

（4）大纲视图：大纲视图主要用于设置 Word 2010 文档的设置和显示标题的层级结构，并可以方便地折叠和展开各种层级的文档。大纲视图广泛用于 Word 2010 长文档的快速浏览和设置中。某文档的大纲视图如图 3-9 所示。

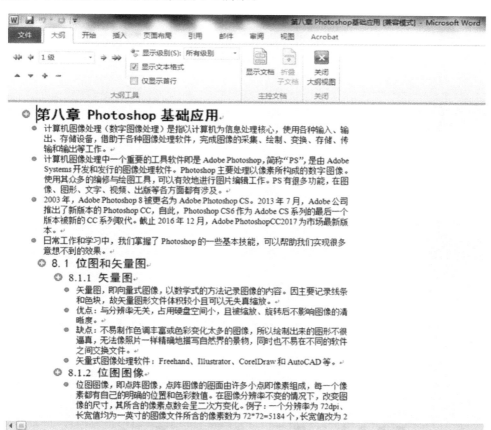

**图 3-9 大纲视图**

（5）草稿视图：草稿视图取消了页面边距、分栏、页眉页脚和图片等元素，仅显示标题和正文，是最节省计算机系统硬件资源的视图方式。当然现在计算机系统的硬件配置都比较高，基本上不存在由于硬件配置偏低而使 Word 2010 运行遇到障碍的问题。

 ## 3.3 文档的创建与保存

对 Word 2010 的工作界面有了一定的了解之后，便可以对文档进行简单的操作了。在本节中，主要介绍如何创建文档、保存文档、打开文档及在文档中输入文本、转换文档视图等基础操作。

### 3.3.1 创建文档

当用户启动 Word 2010 时，系统会默认打开名为【文档 1-Microsoft Word】的新文档。除了系统自带的新文档之外，用户还可以利用【文件】按钮或【快速访问工具栏】来创建空白文档或模板文档。新建文档如图 3-10 所示。

### 3.3.2 输入文本

创建文档之后，便可以在文档中输入中英文、日期、数字等文本，输入文本后再对文档进行编辑与排版。

图 3-10　新建文档

利用 Word 中的【插入】选项卡，还可以满足用户对公式与特殊符号的输入需求。输入符号如图 3-11 所示。

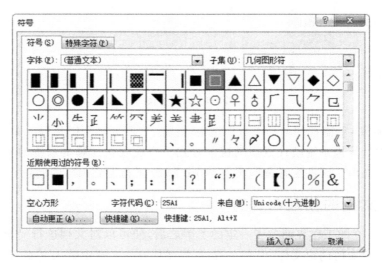

图 3-11　输入符号选项框

### 3.3.3　保存文档

在编辑或处理文档时，为了保护劳动成果应该及时保存文档。保存文档主要通过【文件】中的【保存】与【另存为】命令来保存新建文档、保存已经保存过的文档及保护文档。文档保存的选项框如图 3-12 所示。

在文档保存时，用户可以选择不同的文件保存类型，不同类型的文件对应不同的打开方式，满足不同使用场合的需要。

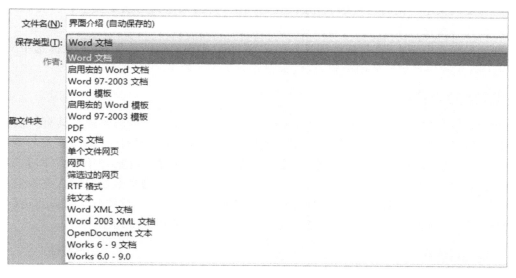

图 3-12　文件保存选项框

 ## 3.4　文档处理

文档的处理包括文本的录入、文本的选定及撤销、文档的编辑错误检查及自动更正,是 Word 2010 的核心模块。

在文档的处理中,编辑文档又是最重要、最基础的操作,文本的录入是第一步。用户在文本输入时,需要减少【Enter】键和空格键的使用次数。即在文档录入时,尽量使用段落和页面功能对文档进行初步排版,避免出现使用【Enter】分页、空格分段和缩进等操作。特别在长文档排版中,学会使用段落、布局等相关功能可以避免出现格式错误,保证文档的美观整洁。

单纯录入的原则如下。

(1)不要使用空格键进行字间距的调整以及标题居中、段落首行缩进的设置。

(2)不要使用【Enter】键进行段落间距的排版,当一个段落结束时才按 Enter 键。

(3)不要使用连续按【Enter】键产生空行的方法进行内容分页的设置。

### 3.4.1　选择文本

在 Word 2010 中,用户可根据使用习惯选择使用键盘或鼠标等操作方法,来选择单个字符、词、行、段、矩形区域或者整篇文本。例如:

● 选择任意文本:首先移动鼠标至文本的开始点,任意拖动鼠标即可选择任意文本。

● 选择单词:双击单词的任意位置,即可选择单词。

● 选择整行:将鼠标移至行的最左侧,当光标变成箭头时单击鼠标即可选择整行。

● 选择段落:连续点击鼠标三次,即可选中鼠标所在位置的段落。

● 选择矩形区域:按【Alt】键,同时按住鼠标拖动即可在当前文档中选择一个矩形的区域。

● 选择全文:利用键盘快捷键【Ctrl＋A】选取全文。

### 3.4.2　编辑文本

选择文本之后,便可以利用 Word 2010 中【开始】选项卡中的【剪贴板】选项组中的命令来移动与复制文本。同时还可以利用【快速访问工具栏】来撤销与恢复文本、利用【编辑】选项组来查找与替换文本。

利用鼠标选中文本，直接拖动到另外的位置，可以实现剪切的效果；利用鼠标选中文本，按【Ctrl】键直接拖动到另外的位置，可以实现复制文本的效果。

### 3.4.3 查找与替换

对于长篇或包含多处相同及共同文本的文档来说，修改某个单词或修改具有共同性的文本时，显得特别麻烦。为了解决用户的使用问题，Word 2010 为用户提供了查找与替换文本的功能。在【开始】选项卡中选择【替换】，弹出【查找和替换】对话框，在【替换(P)】选项卡的【查找内容(N)】文本框中输入要被替换的内容，在【替换为(I)】文本框中输入替换后的内容，点击【全部替换(A)】按钮即可实现文档中全部内容的替换。在替换时也可以点击【替换(R)】按钮，根据提示选择部分替换。【查找和替换】对话框如图 3-13 所示。

图 3-13 查找和替换

## 3.5 设置文本格式

输入完文本之后，为了使整体文档更具有美观性与整齐性，需要设置文本的字体格式与段落格式。例如，设置文本的字体、字号、字形与效果等格式，设置段落的对齐方式、段间距与行间距、符号与编号等格式。

### 3.5.1 设置字体格式

在所有 Word 文档中，都需要根据文档性质设置文本的字体格式。用户可以在【开始】选项卡的【字体】选项组中，设置文本的字体、字形、字号与效果等字体格式，如图 3-14 所示。

### 3.5.2 设置段落格式

设置完字体格式之后，还需要设置段落格式。段落格式是指以段落为单位，设置段落的对齐方式、段间距、行间距与段落符号及编号等。【段落】选项组如图 3-15 所示。

图 3-14 【字体】选项组　　　　　　　图 3-15 【段落】选项组

【段落】对话框如图 3-16 所示，包含【缩进和间距（I）】、【换行和分页（P）】、【中文版式（H）】三个选项卡。其中，【缩进和间距（I）】是最常见的段落设置选项，可以在此处设置段前距、段后距、首行缩进、悬挂缩进等参数。

**图 3-16 【段落】对话框**

## 3.6 设置版式与背景

版式主要是设置文本为纵横混排、合并字符或双行合一等格式；而背景是图像或景象的组成部分，是衬托主体事物的景物。在 Word 2010 中主要是设置背景颜色、水印与文稿等的格式，使文档更具有特色。

### 3.6.1 设置中文版式

中文版式主要用于定义中文与混合文字的版式。例如，将文档中的字符合并为上下两排，将文档中 2 行文本以 1 行的格式进行显示等。选择【开始】选项卡，在【段落】选项组中打开【段落】对话框中的【中文版式（H）】选项卡，在其中可以设置中文版式。双行合一的中文版式设置如图3-17所示。

### 3.6.2 设置背景

1）纯色背景设置

在 Word 2010 中默认的背景色是"白色"，用户可选择【页面布局】选项卡【页面背景】选项组中的【页面颜色】命令中的纯色背景颜色，来设置文档的背景格式。

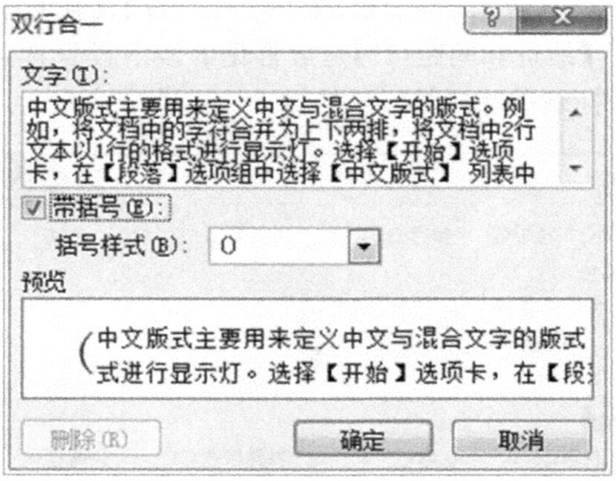

图 3-17　双行合一设置

2）纹理和图片背景设置

除了纯色填充外，用户还可以设置自己喜欢的纹理背景和图片背景，同样在【页面颜色】命令下选择【填充效果(F)...】即可在弹出的【填充效果】对话框中选择背景效果，填充效果设置如图 3-18 所示。

图 3-18　填充效果设置

3）设置水印

水印是位于文档背景中的一种文本或图片，其赋予文档通知、机密保护、产权证明等不同属性。添加水印之后，用户可以在页面视图、全屏阅读视图下或在打印的文档中看见水印。具体操作为选择【页面布局】选项卡【页面背景】选项组中的【水印】命令，在下拉列表中选择水印效果。用户可以通过系统自带样式或自定义样式的方法来设置水印效果，根据文档用途设置水印。自定义水印设置如图 3-19 所示。

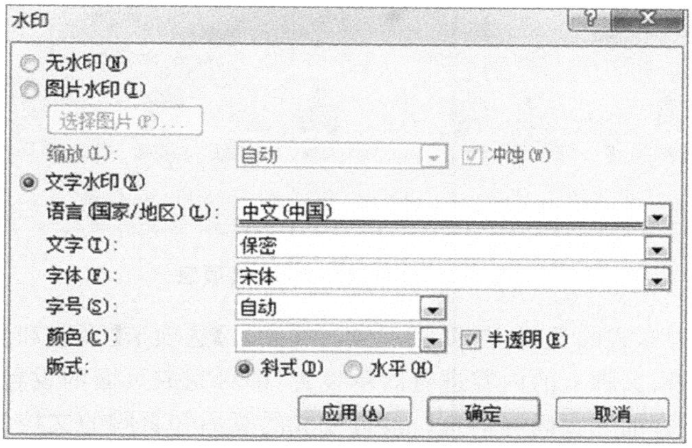

图 3-19 自定义水印

### 3.6.3 设置稿纸

稿纸样式与实际中使用的稿纸样式一致,可以分为方格式稿纸、行线式稿纸等样式。选择【页面布局】选项卡的【稿纸】选项组中的【稿纸设置】命令,在【稿纸设置】对话框中可以设置网格、页面、页眉/页脚、换行等格式。【稿纸设置】对话框如图 3-20 所示。

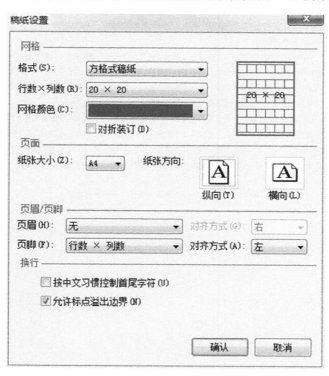

图 3-20 【稿纸设置】对话框

## 3.7 设置页眉与页脚

(1)打开 Word 2010,点击工具栏【插入】选项卡,【页眉和页脚】选项组如图 3-21 所示。

(2)在【插入】选项卡【页眉和页脚】选项组中,点击【页眉】选项,可在下拉列表中选择相

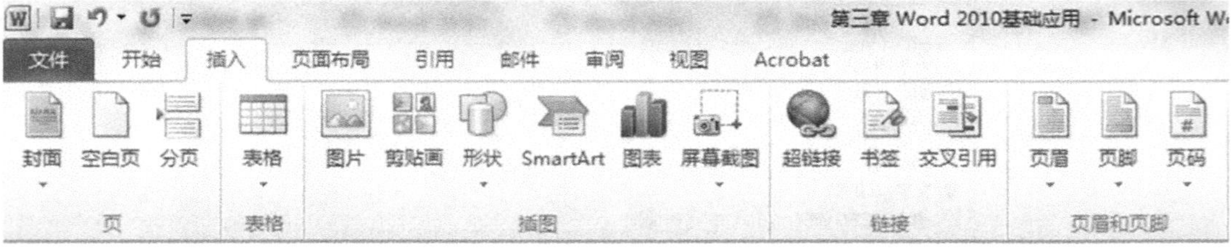


图 3-21 【页眉和页脚】选项组

应的页眉样式。页脚样式的设置，与页眉一样，在【插入】选项卡【页眉和页脚】选项组中选择【页脚】。然后对页眉、页脚上的内容进行简单设置，即可完成页面的设置。一般在页眉上加上通用的标题，在页脚加上页码等信息。设置完成的页眉和页脚的文档如图 3-22 所示。

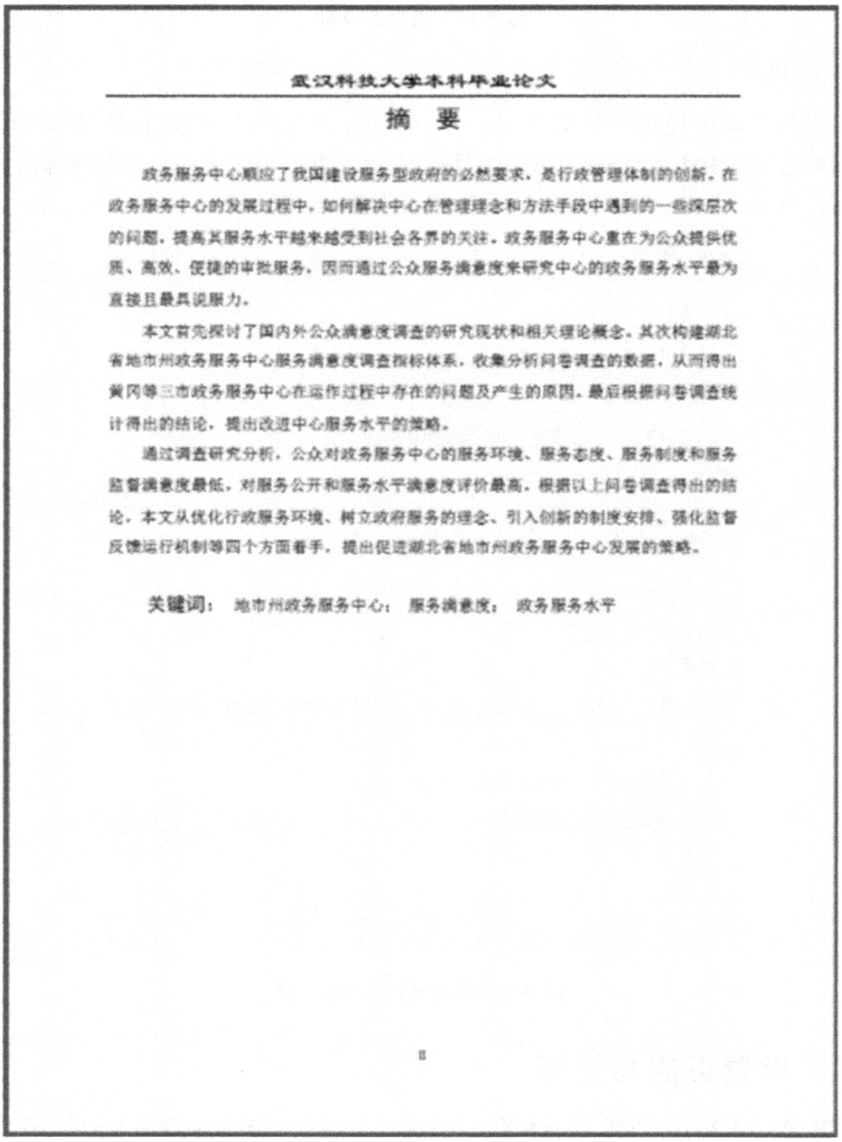
武汉科技大学本科毕业论文

摘 要

政务服务中心顺应了我国建设服务型政府的必然要求，是行政管理体制的创新。在政务服务中心的发展过程中，如何解决中心在管理理念和方法手段中遇到的一些深层次的问题，提高其服务水平越来越受到社会各界的关注。政务服务中心意在为公众提供优质、高效、便捷的审批服务，因而通过公众服务满意度来研究中心的政务服务水平最为直接且最具说服力。

本文首先探讨了国内外公众满意度调查的研究现状和相关理论概念。其次构建湖北省地市州政务服务中心服务满意度调查指标体系，收集分析问卷调查的数据，从而得出黄冈等三市政务服务中心在运作过程中存在的问题及产生的原因。最后根据问卷调查统计得出的结论，提出改进中心服务水平的策略。

通过调查研究分析，公众对政务服务中心的服务环境、服务态度、服务制度和服务监督满意度最低，对服务公开和服务水平满意度评价最高。根据以上问卷调查得出的结论，本文从优化行政服务环境、树立政府服务的理念、引入创新的制度安排、强化监督反馈运行机制等四个方面着手，提出促进湖北省地市州政务服务中心发展的策略。

关键词：地市州政务服务中心；服务满意度；政务服务水平

II

图 3-22 设置完成的页眉和页脚的页面

## 3.8 图文混排的设置

打开要进行编辑的文档，选择【插入】/【图片】命令，从弹出的【插入图片】对话框中选择相关图片进行插入操作，如图 3-23 所示。

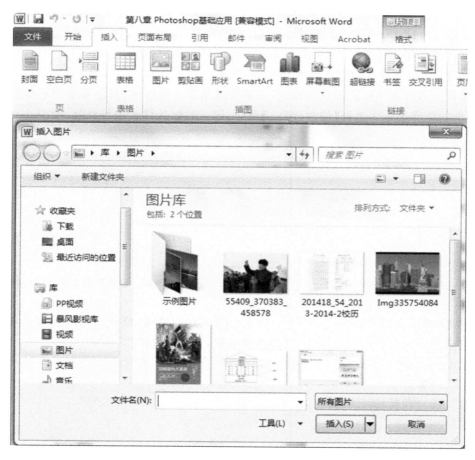

图 3-23 【插入图片】对话框

右击选中的图片，在弹出的快捷菜单中选择【自动换行(W)】/【四周型环绕(S)】命令，此时图片可被任意拖动，同时位于图片下方的文字将自动环绕在图片的四周。其排版效果如图 3-24 所示。

8.5.4 羽化

在 PHOTOSHOP 里，羽化是针对选区的一项编辑，初学者很难理解这个词。羽化原理是令选区内外衔接的部分虚化。起到渐变的作用从而达到自然衔接的效果。

选中要羽化的内容。找到选区工具，这里以椭圆工具为例，在图片上选取图片内容。如果想选中一个圆形区域，按住【Shift】键，鼠标选取部分为正圆。

这时你点击鼠标右键，找到【羽化】填写羽化半径，值越大，羽化范围越大。一般不会用很大值，点击【确定】

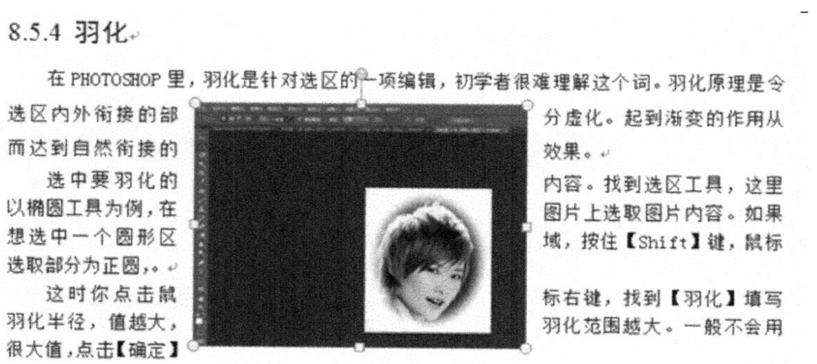

图 3-24 设置图文混排的效果图

## 3.9 设置标题样式

在 Word 文档中，经常需要编辑像本书一样的，具有很多级别标题的文档，如果针对每个段落标题都进行字体、字号、加粗等设置会很耽误时间。我们可以使用 Word 中的样式对文档进行快速设置。利用前面介绍过的技巧，按住【Ctrl】键选中所有的一级标题，选择完成以后，选择【开始】选项卡【样式】中的【标题 1】样式，这时，所有被选中的标题都会应用【标题 1】这种样式。使用相同的操作，选中所有二级标题，应用【标题 2】样式。然后选中三级标题，应用【标题 3】样式。系统自带样式如图 3-25 所示。

如果希望修改某一样式的显示格式，不必修改文字上的格式，只需要右击相应的样式名称，在弹出的快捷菜单中选择【修改(M)...】命令，即可对默认样式进行修改，如图 3-26 所示。

图 3-25　样式功能区

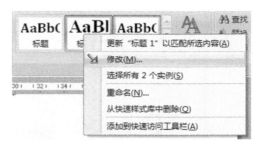

图 3-26　选择对系统样式进行修改

在弹出的【修改样式】对话框中，可以对默认样式进行修改，修改后的效果会自动应用到所有已经应用了这种样式的文字上。【修改样式】对话框如图 3-27 所示。

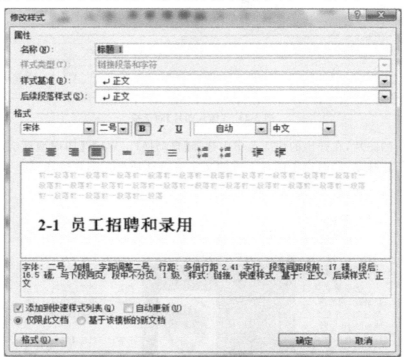

图 3-27　【修改样式】对话框

## 3.10 创建表格

Word 中的表格也是非常简单但又很重要的应用。Word 中的表格有三种创建方式,分别为通过轮廓快速创建、插入表格和绘制表格等。选择【插入】/【表格】命令,可以选择相应的方式来绘制表格。选择【插入】/【表格】/【插入表格(I)】命令,弹出如图 3-28 所示的【插入表格】对话框,在其中输入合适的【列数(C)】、【行数(R)】,点击【确定】按钮完成设置。表格还可以通过手动绘制的方式来建立,选择【插入】/【表格】/【绘制表格(D)】命令,即可按照自己的思路创建任意的表格。

图 3-28　插入表格

 ## 3.11 编辑公式

Word 2010 中选择【插入】/【公式】命令,在下拉列表中可以选择需要插入的公式样式,如图3-29所示,这时就会出现公式编辑模板,只需输入对应的公式内容即可。

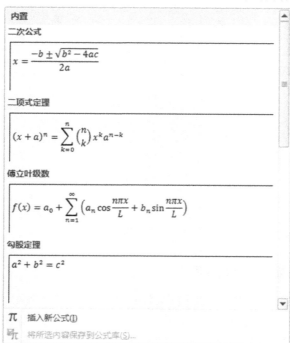

图 3-29　插入内置公式

设计者也可以根据自己的需要插入对应的公式元素,选择【插入】/【公式】/【插入新公式(I)】命令,在功能区出现【公式工具/设计】选项卡,其中全部是与数学有关的符号,设计者可以随心所欲创建自己的数学公式,如图3-30所示。

图 3-30　【公式工具/设计】选项卡

## 3.12　导航窗格的应用

在一个较长的文档中,利用导航窗格可以看到整个文档的结构,点击导航窗格中的标题可以快速到达对应的文本位置,其对于写作或者阅读都具有非常重要的作用。如图3-31所示的是某个同学的毕业论文,打开【视图】选项卡,在【显示】功能组中勾选【导航窗格】复选框,可以快速打开该文档的结构图。

注意:如果没有设置各级标题的大纲级别的文档的导航窗格为空,或者导航窗格显示是混乱的。最快捷的方式是在大纲视图下设置好标题的大纲级别,勾选导航窗格后就可以准确显示文档结构图了。

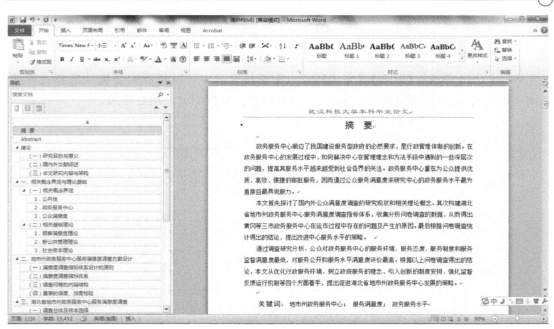

图 3-31　导航窗格下的文档

## 3.13　添加脚注与尾注

一些报告、论文或书籍的Word文档中,往往会有许多内容需要进行解释和标注,这时就需要用到Word脚注和尾注功能。

(1)脚注:默认情况下,位于文章页面的最底端,是对当前页面中的某些指定内容的补充说明,是印在书页下端的注文。例如,添加在文章首页下端的作者简介。

（2）尾注：默认情况下，位于文档的末尾，是对文本的补充说明，列出了在正文中标记的引文的出处等内容。尾注由两个关联的部分组成，包括注释引用标记和其对应的注释文本。例如，添加在论文末尾的参考文献目录。

若要在文档中添加脚注，首先需要将光标定位到需要补充说明的内容右侧。然后选择【引用】/【脚注】/【插入脚注】命令，此时，插入点被定位至页面底部，输入补充说明的内容即可。添加了脚注的某个 Word 页面如图 3-23 所示。

**技巧提示**：按【Ctrl＋Alt＋F】组合键可快速添加脚注。

添加完脚注之后，可发现正文内容右侧会自动添加一个数字编号 1 的引用标记，将鼠标放在它的上方，将显示补充说明的内容。如果文档中添加了多个脚注，那么，数字编号将以 2、3、4……进行标记排序。

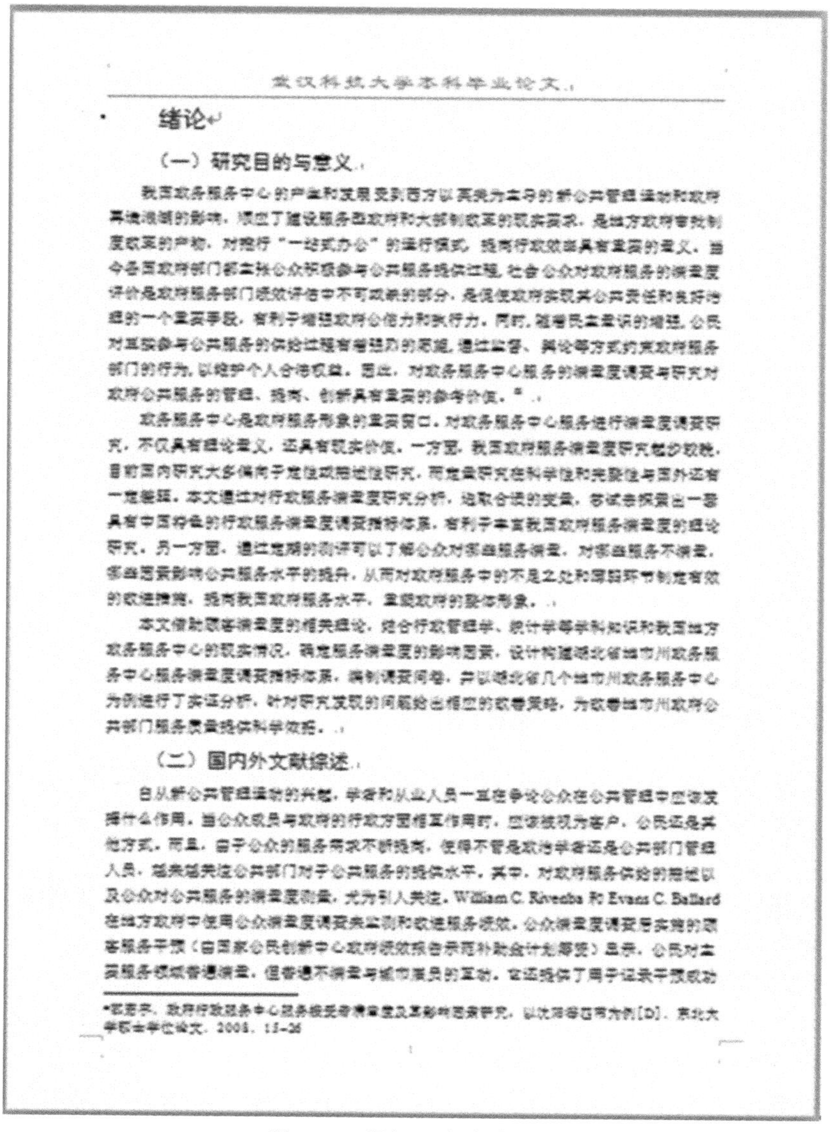
武汉科技大学本科毕业论文

绪论

（一）研究目的与意义

我国政务服务中心的产生和发展受到西方以英美为主导的新公共管理运动和政府再造浪潮的影响，顺应了建设服务型政府和大部制改革的现实要求，是地方政府审批制度改革的产物，对推行"一站式办公"的运行模式，提高行政效率具有重要的意义。当今各国政府部门都主张公众积极参与公共服务提供过程，社会公众对政府服务的满意度评价是政府服务部门绩效评估中不可或缺的部分，是促使政府实现其公共责任和良好治理的一个重要手段，有利于增强政府公信力和执行力。同时，随着民主意识的增强，公民对直接参与公共服务的供给过程有着强烈的愿望，通过监督、舆论等方式约束政府服务部门的行为，以维护个人合法权益。因此，对政务服务中心服务的满意度调查与研究对政府公共服务的管理、提高、创新具有重要的参考价值。[a]

政务服务中心是政府服务形象的重要窗口，对政务服务中心服务进行满意度调查研究，不仅具有理论意义，还具有现实价值。一方面，我国政府服务满意度研究起步较晚，目前国内研究大多偏向于定性或描述性研究，而定量研究在科学性和完整性与国外还有一定差距，本文通过对行政服务满意度研究分析，选取合适的变量，尝试去探索出一套具有中国特色的行政服务满意度调查指标体系，有利于丰富我国政府服务满意度的理论研究。另一方面，通过定期的测评可以了解公众对哪些服务满意，对哪些服务不满意，哪些因素影响公共服务水平的提升，从而对政府服务中的不足之处和薄弱环节制定有效的改进措施，提高我国政府服务水平，重塑政府的整体形象。

本文借助顾客满意度的相关理论，结合行政管理学、统计学等学科知识和我国地方政务服务中心的现实情况，确定服务满意度的影响因素，设计构建湖北省地市州政务服务中心服务满意度调查指标体系，编制调查问卷，并以湖北省几个地市州政务服务中心为例进行了实证分析，针对研究发现的问题给出相应的改善策略，为改善地市州政府公共部门服务质量提供科学依据。

（二）国内外文献综述

自从新公共管理运动的兴起，学者和从业人员一直在争论公众在公共管理中应该发挥什么作用，当公众成员与政府的行政方面相互作用时，应该被视为客户，公民还是其他方式。而且，由于公众的服务需求不断提高，使得不管是政治学者还是公共部门管理人员，越来越关注公共部门对于公共服务的提供水平。其中，对政府服务供给的描述以及公众对公共服务的满意度测量，尤为引人关注。William C. Rivenba 和 Evans C. Ballard 在地方政府中使用公众满意度调查来监测和改进服务绩效。公众满意度调查是实施的顾客服务干预（由国家公民创新中心政府绩效报告示范补助金计划赞助）显示，公民对主要服务领域普遍满意，但普遍不满意与城市雇员的互动。它还提供了用于记录干预成功

[a] 郭春宇．政府行政服务中心服务提供者满意度及其影响因素研究：以沈阳各区市为例[D]．东北大学硕士学位论文．2008．15-26

图 3-32　添加了脚注的页面

/>/>/>/>/>/>/>/>/>/>/>/>/>/>

/>/>

/>/>

尾注与脚注添加之后除了在文档中的位置有所不同之外，其操作方法基本相同，这里不再赘述。

## 3.14 生成目录

如果需要对文档插入一个目录，可以选择【引用】/【目录】命令，选择【手动目录】，然后在表格内手工编辑目录。如果已经用样式工具对文档的层次结构进行了设定，即设置了"标题1"、"标题 2"……那么 Word 就能够自动根据这些标题的层次生成目录结构。选择【引用】/【目录】/【自动目录 1】或【自动目录 2】，即可生成一个非常规整的自动目录。

如果目录的页码或文字内容有所变化，只需要右击目录，在弹出的快捷菜单中【更新域（U）】命令即可刷新目录，让目录随时保持最新状态。更新目录如图 3-33 所示。

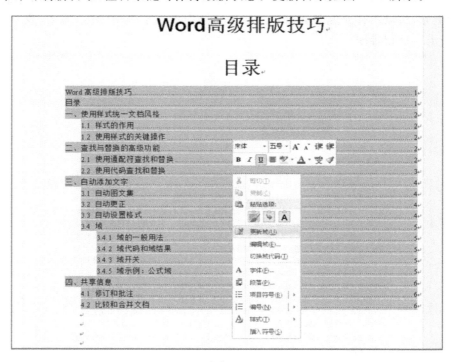

图 3-33　更新目录示意图

## 3.15 修订和批注功能的使用

为了便于联机审阅，Word 2010 允许在文档中快速创建和查看修订和批注。为了保留文档的版式，Word 在文档的文本中显示一些标记元素，而其他元素则显示在页边距上的批注框中。

启用修订功能时，用户或其他审阅者的每一次插入、删除或是格式更改都会被标记出来。当用户查看修订时，可以接受或拒绝每处更改。

选择【审阅】/【修订】/【修订】命令，此时文档进入修订状态，修订状态下的任何修改系统都会自动记录。下一个用户收到文档后可以决定接受修订还是拒绝。修订状态下的文档如图 3-34 所示。其中，红色删除线表示该内容被删除，红色文字表示新添加的文本内容，背景变红色的文字表示该文本部分有相应的批注存在，批注和文本内容之间用红色虚线连接起来。

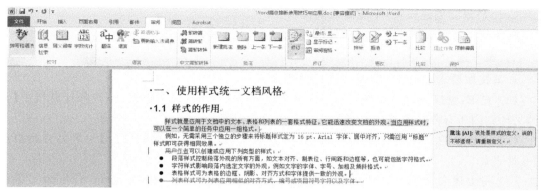

图 3-34　修订状态下的文档

　　修订和批注功能对于当多个用户编辑一个文档时,实现文档的交互具有非常好的作用,系统自动记载了每个用户编辑文档的详细情况。

# 习　题　3

**一、选择题**

1. 在 Word 2010 文本编辑状态,选取一段文本,选择【编辑】/【复制】命令后,可实现(　　)。

A. 将剪贴板的内容复制到插入点处

B. 选定的内容复制到插入点处

C. 选定的内容复制到剪贴板

D. 被选定的内容的格式复制到剪贴板

2. 在 Word 2010 中,下列关于视图的叙述正确的是(　　)。

A. 页面视图是最为常用的显示方式之一,对输入、输出及滚动命令的响应速度比其他几种视图要快

B. 阅读版式视图中可以修改文本内容

C. 大纲视图提供了一个处理提纲的视图界面,能分级显示文档的各级标题层次分明

D. Web 版式视图中不能对文档进行编辑,它只是查看文档的最终外观效果的一种方式

3. 在 Word 2010 中,以下对表格操作的叙述错误的是(　　)。

A. 在表格的单元格中,除了可以输入文字、数字外,还可以插入图片

B. 表格的每一行中各单元格的宽度可以不同

C. 表格的每一行中各单元格的高度可以不同

D. 表格的表头单元格可以绘制斜线

4. 为 Word 2010 文件添加背景,下列叙述不正确的是(　　)。

A. 可以为 Word 文档添加单色、渐变色和图案纹理等背景

B. 用户的图片文件可以作为 Word 文档的背景

C. 文字水印可以添加为 Word 文档的背景

D. Word 文档的背景不能设置为两种颜色的混合

5. 在 Word 2010 中,下列关于模板的叙述正确的是(　　)。

A. 用户创建的模板,必须保存在"templates"文件夹下,才能通过新建文档窗口使用此模板

B. 用户创建的模板,可以保存在自定义的文件夹下,通过新建文档窗口可以调用此模板

C. 用户只能创建模板,不能修改模板

D. 对于当前应用的模板,用户可以对它的修改进行保存

**二、操作题**

1. 请按照要求完成下列 Word 文档的创建。

(1)在 E:盘以自己中文姓名为文件名新建一个文件夹,如王小东,将教师计算机中【素材】文件夹内所有内容复制到自己的文件夹中,以备调用。

(2)在自己的文件夹中打开【幸福的柴门(原文)】,并以【幸福的柴门】为名另存到自己的文件夹。

(3)将上述文档进行页面设置。页边距:上 2.5 cm,下 2.5 cm,左 3 cm,右 3 cm。装订线 1.2 cm。纸张大小:宽度 20 cm,高度 28 cm。

(4)设置艺术字:标题【幸福的柴门】设置为艺术字,正三角形(加粗),宋体 40 号,阴影如图 3-35 所示。

(5)将正文段落设置左右缩进为 0 cm。首行缩进 2 个字符。段间距为 0,行间距为 24 磅,调整如图 3-35 所示。正文字体为宋体,三号。

(6)进行段落分栏和首字下沉如图 3-35 所示。

(7)插入图片并设文字的环绕方式为四周型,位置、大小如图 3-35 所示。

(8)正文第一段设阴影边框,最后一段设置密度为 5%的底纹,如图 3-35 所示。

(9)插入如图 3-35 所示的符号并设置颜色为绿色和大小为小一号。

(10)如图 3-35 所示,设置页眉和页脚。

完成效果如图 3-35 所示。

2. 利用绘图和艺术字功能制作一个徽章和奖状,效果如图 3-36 所示。

**图 3-35  完成创建的 Word 文档**

(a)

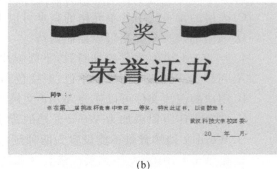

(b)

**图 3-36  制作徽章和奖状**

# 第❹章 Word 2010 高级应用

 4.1 自定义样式

样式就是应用于文档中的文本、表格和列表的一套格式特征，它能迅速改变文档的外观。应用样式设置文档格式时，可以大大加快我们编辑文档的速度，有利于保持整个文档风格的一致性。

## 4.1.1 定义自定义样式

用户可以创建或应用下列类型的样式。

（1）段落样式：用于控制段落外观的所有方面，如文本对齐、制表位、行间距和边框等，也可能包括字符格式。

（2）字符样式：用于设置段落内选定文字的外观，如文字的字体、字号、加粗及倾斜格式等。

（3）表格样式：可为表格的边框、阴影、对齐方式和字体提供一致的外观。

（4）列表样式：可为列表应用相似的对齐方式、编号或项目符号字符以及字体。

下面以最常用的段落样式为例，介绍如何定义自定义的段落样式和调用自定义的段落样式。

**思路** 通过定义一级标题的段落样式，在一级标题的段落样式的基础上再定义二级标题的段落样式，很快可以定义出文档中的所有级别标题的样式。

**方法** 点击【开始】选项卡中【样式】选项组右下角的箭头，如图 4-1 所示，弹出【样式】任务窗格选项，点击【新建样式】按键，弹出【根据格式设置创建新样式】对话框，如图 4-2 所示，即可以按照自己要求自定义样式。

**图 4-1 【样式】选项组**

在【名称（N）】文本框中输入自定义的样式的名称，在【样式类型（T）】下拉列表中选择【段落】，在【样式基准（B）】下拉列表中选择从哪种样式开始创建，在【后续段落样式（S）】下拉列表中定义后一个段落采用何种样式。在此处，我们定义一级标题的名称为：【武科大一级标题】，字体为黑体，字号为二号，大纲级别为一级大纲。然后我们可以定义二级标题、三级标题、四级标题分别为【武科大二级标题】【武科大三级标题】【武科大四级标题】，字号依次减小一号，大纲级别依次降低一级。

定义完成的一级标题样式如图 4-3 所示，基于该一级标题的样式，依次完成【武科大二级标题】【武科大三级标题】【武科大四级标题】样式的定义。

33

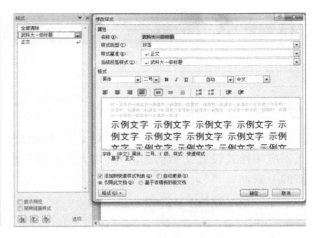

图 4-2　新建样式　　　　　　　图 4-3　定义【武科大一级标题】的段落样式

再完成【武科大正文】的段落样式的定义，设置字体为宋体，字号为小四号，首行缩进为 2
字符，段落行间距为 1.25 倍，如图 4-4 所示。

## 4.1.2　调用自定义样式

自定义的样式定义完成后，我们把需要调整格式的文本内容利用【选择性粘贴】功能粘
贴纯文本到该文档中，在对应的标题位置点击样式表即可把标题的样式应用到文档中，在正
文位置点击样式表同样可以引用样式到正文中，如图 4-5 所示。一篇长的文章，只需要点击
若干次即可完成格式的调整，快速而又准确。

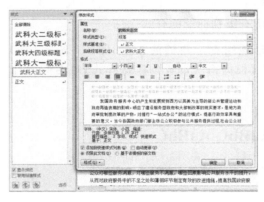

图 4-4　自定义的【武科大正文】段落样式　　　　　图 4-5　自定义段落样式的调用

## 4.1.3　自定义样式的更新

如果发现某个样式定义错误或整体需要调整，我们仅仅需要在自定义样式表中修改该
样式即可，文档的内容会自动完成对应的更新。

 ## *4.2*　自定义样式的模板

### 4.2.1　创建包含自定义样式的模板

在工作和学习中，我们往往要重复使用很多的公共部分，如封面、背景、页眉、页脚等，我

们可以把它定义到一个模板文件中，下次直接从模板文件调用，这样可以提高我们编辑文档的效率。文档中正文的字体、大小、行间距以及各个级别的标题同样也是经常要重复定义的，为了提高效率，我们可以把这些部分也定义到模板文件中。

为了后面可以利用前面自定义样式，将样式保存到模板文件中，如图 4-6 所示。

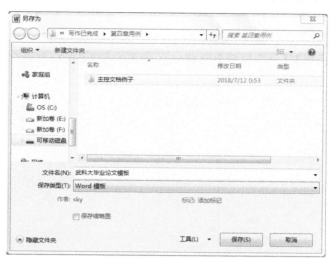

**图 4-6　将自定义样式保存为模板文件**

## 4.2.2　保存自定义的模板

自定义的模板应保存到系统自带的文件夹中，否则不能被调用。查看系统的样板文件的位置，右击空白文档，在弹出的快捷菜单选择【属性（R）】命令，即可以查看模板文件存储的位置，如图 4-7 所示。将自己定义的模板文件复制到该位置即可。

**图 4-7　查看模板文件所在的位置**

### 4.2.3 调用自定义的模板

自定义模板文件保存到系统模板文件夹后,在新建文档的时候,【个人模板】选项区中多了一个自己定义的模板文件【武科大论文模板】,该模板可以方便用户以后创建文档的时候反复使用。调用模板文件时候,选择【文件】/【新建】/【个人模板】,如图4-8所示。

### 4.2.4 引用自定义的模板里的样式

选择【文件】/【新建】/【个人模板】,选择自己新建的模板【武科大论文模板】,点击【确定】按钮,如图4-9所示。

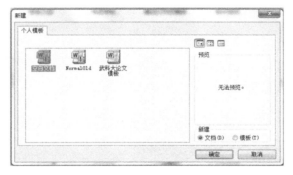 

图 4-8 个人模板          图 4-9 从自定义模板开始新建文档

完成上述设置后,即按照【武科大论文模板】新建了一个文档,打开样式组件,可以看到定义的各级标题和正文的样式都存储在左侧,在编辑区编辑内容后,点击左侧的自定义样式,即可快速把样式应用到文本内容中去,如图4-10所示。

图 4-10 利用自定义模板新建的空白文档

# 4.3 长文档的排版

## 4.3.1 利用分隔符进行分节、分页

在编辑论文或调查报告等长达几十页或几百页的文档的时候,往往有特殊的要求。例如:每一个章节开始要新起一页,封面部分不带页眉页脚,内容部分需要设置页眉页脚,页码有多种体系,正文的页码要从"1"开始编码等。这个时候需要整体把文档进行分节和分页,然后对各个节进行定义。

"节"的概念:"节"是 Word 用来划分文档的一种方式。之所以引入"节"的概念,是为了实现在同一文档中设置不同的页面格式,如不同的页眉页脚、不同的页码、不同的页边距、不同的页面边框、不同的分栏等。

建立新文档时,Word 将整篇文档视为一节,此时,整篇文档只能采用统一的页面格式。为了在同一文档中设置不同的页面格式就必须将文档划分为若干节。节可小至一个段落,也可大至整篇文档。节用分节符标识,在大纲视图中分节符是两条横向的平行虚线。

例如,某文档包含封面、摘要、目录、正文等部分,每个部分设置了不同的页眉和页脚,如封面部分没有页眉和页脚,摘要和目录部分的页脚中的页码编号的格式为"Ⅰ、Ⅱ、Ⅲ、…",而正文部分页脚中的页码编号格式为"1、2、3、…"。

**■ 操作思路** (1)分节:在封面和摘要之前插入分节符,在目录和正文之间插入分节符,将文档按照封面部分、摘要和目录部分、正文部分分为 3 节。分节完成后断开节与节之间页眉与页脚的联系,实现每一节可设置不同的页眉和页脚。

(2)分页:在每一章末尾插入分页符,实现下一章内容新起一页。

(3)利用自定义样式设置好文档各级标题的大纲级别,自动实现文档内容快速标准化(没有自定义样式的直接在大纲视图中设置好文档中各级标题的大纲级别),方便利用导航窗格查看文档并为后面生成文档目录打好基础。

(4)设置页眉页脚:第 1 节删除页眉和页脚,设置第 2 节页脚中的页码的时候注意选择页码格式为"Ⅰ、Ⅱ、Ⅲ、…",设置第 3 节页脚中的页码的时候注意选择页码格式为"1、2、3、…"。

**■ 操作步骤** (1)将插入点放在封面页面的最下方,选择【页面布局】选项卡,在【页面设置】选项组中点击【分隔符】,选择【分节符】中的【下一页(N)】,单击【确定】按钮,即可在封面页面下面添加一个分节符,同时生成一个空白页,用【Delete】键删除空白页,如图 4-11 所示。

插入分节符后的页面在大纲视图下的效果如图4-12所示,可见 2 个页面之间已经有分节符了。

(2)同样的操作可实现在目录后插入一个【分节符】。

(3)在正文的每一章的结尾插入【分页符】,如图4-13所示。

**图 4-11 插入在封面下面插入分节符**

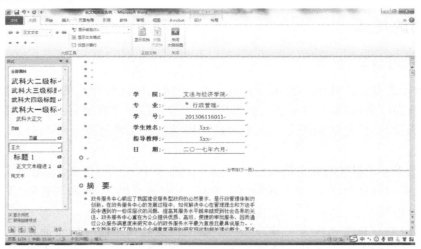

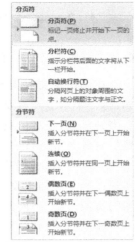

图 4-12　插入分节符　　　　　　　　　　图 4-13　插入分页符

## 4.3.2　文档大纲的设置

利用自定义样式设置好文档各级标题的大纲级别,主要操作步骤为:选择【开始】选项卡,在【样式】选项组的右下角点击打开【样式】,在正文中选择标题或正文文本,在左侧【样式】中点击应用该样式到对应的标题或正文中去,如图 4-14 所示。

注意:此处的自定义样式中的标题已经附带对应的大纲级别。

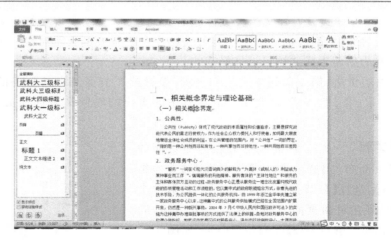

图 4-14　应用自定义样式到文档中

如果没有自定义的样式,也可以通过系统内置的样式完成各级标题的定义。在正文中选择标题或正文文本,在系统内置的样式"标题 1,标题 2……"中点击应用该样式到对应的标题或正文中去,如图 4-15 所示。

图 4-15　系统内置样式的调用

### 4.3.3　页眉页脚的设置

在页眉的位置双击鼠标即可进入页眉的设置，可以看见【设计】选项卡被打开，【链接到前一条页眉】被自动选中，页眉中显示第 2 节的页眉【与上一节相同】，此时第 2 节与第 1 节的页眉保持一致，如图 4-16 所示。

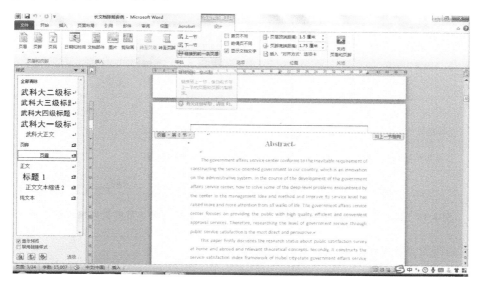

图 4-16　打开页眉设置

在【链接到前一条页眉】选项上点击一下，即可以看见【链接到前一条页眉】显示灰色，即断开了第 2 节与第 1 节之间页眉的链接关系。第 2 节的页眉不再显示【与上一节相同】，此时第 2 节与第 1 节可以各自设置不同的页眉，如图 4-17 所示。

图 4-17　断开页眉之间的链接关系

同样，类似操作即可以断开页脚之间的链接关系，第 3 节和第 2 节之间的页脚和页眉也按照这种操作断开两节之间的链接关系。

设置完成后,选择【插入】/【页码】,在【页面底端】插入一种页码。插入页码后,选择【插入】/【页码】/【设置页码格式(F)…】,第2节的【编号格式(F)】中选择【Ⅰ,Ⅱ,Ⅲ,…】,【页码编号】栏中【起始页码(A)】设置为【Ⅰ】,如图4-18所示。这样就完成了第2节的页脚的设置。

第3节的页码设置方法与第2节类似,在【页码格式】对话框中设置【编号格式(F)】为【1,2,3…】,【起始页码(A)】设置为【1】,如图4-19所示。

图 4-18　第 2 节的页码格式的设置

图 4-19　第 3 节的页码格式的设置

页眉的设置方法和页脚类似,在此不再赘述。

## 4.3.4　自动生成目录

文档的目录一般不需要手动去编制,利用系统自带的生成目录功能即可快速实现。

图 4-20　调用目录功能

在目录所在的页面,点击要生成目录的位置,选择【引用】/【目录】/【插入目录(I)…】,如图4-20所示。

弹出如图4-21所示的【目录】对话框。在其中点击【选项(O)…】按钮,在弹出的如图4-22所示的【目录选项】对话框中可以设置目录来源的有效样式。如果只在目录中显示三级标题,只需要勾选【武科大一级标题】【武科大二级标题】和【武科大三级标题】三个即可,多余的样式删除即可,点击【确定】按钮,定义完成的目录如图4-23所示。

图 4-21　设置目录引用

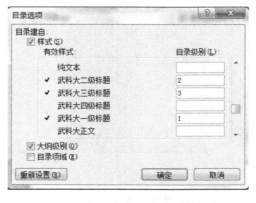

图 4-22　设置目录引用的样式

目 录
摘 要……Ⅱ
Abstract……Ⅲ
绪论……1
（一）研究目的与意义……1
（二）国内外文献综述……1
（三）本文研究内容与架构……3
一、相关概念界定与理论基础……4
（一）相关概念界定……4
当前文档
按住 Ctrl 并单击可访问链接
1．公共性……4
2．政务服务中心……5
3．公众满意度……5
（二）相关基础理论……5
1．顾客满意度理论……5
2．新公共管理理论……6
3．社会资本理论……6
二、地市州政务服务中心服务满意度调查方案设计……6
（一）满意度调查指标体系设计的原则……6
（二）满意度调查指标体系……7
（三）调查问卷的内容结构……8

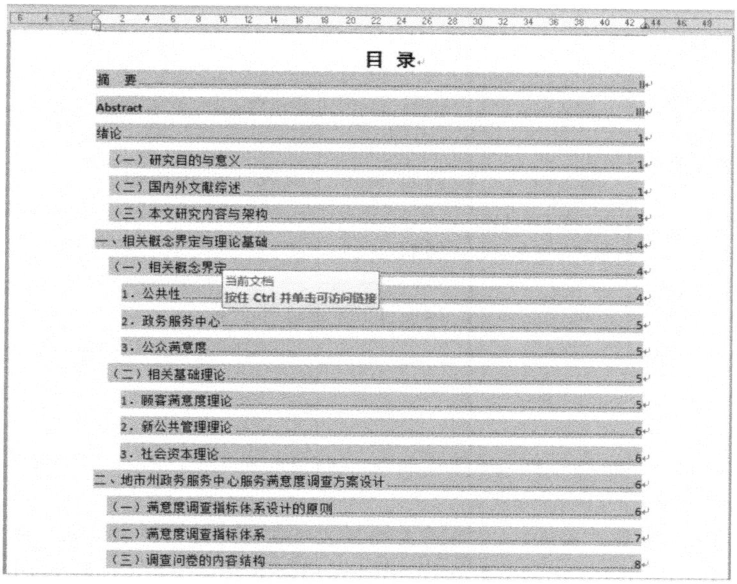

图 4-23　引用自定义的目录效果图

## 4.4　查找与替换功能结合通配符的应用

使用 Word 可以查找和替换文字、格式、段落标记、分页符和其他项目等，可以使用通配符和代码来扩展搜索。例如，可用星号(*)通配符搜索字符串，如使用“s*d”将找到“sad”和“started”。

选中“使用通配符”复选框后，Word 只查找与指定文本精确匹配的文本。

**注意：**【区分大小写】和【全字匹配】复选框会变灰而不可用，表明这些选项已自动选中，用户不能关闭这些选项。

要查找已被定义为通配符的字符，请在该字符前键入反斜扛(\)。例如，要查找问号，可键入【\?】。常用的查找和替换的通配符见表 4-1。

表 4-1　常用的查找和替换的通配符

| 查找内容 | 操作 | 举例 |
| --- | --- | --- |
| 任意单个字符 | 键入? | 例如，s? t 可查找“sat”和“set” |
| 任意字符串 | 键入 * | 例如，s * d 可查找“sad”和“started” |
| 单词的开头 | 键入< | 例如，<(inter)查找“interesting”和“intercept”，但不查找“splintered” |
| 单词的结尾 | 键入> | 例如，(in)>查找“in”和“within”，但不查找“interesting” |
| 指定字符之一 | 键入[] | 例如，w[io]n 查找“win”和“won” |
| 指定范围内任意单个字符 | 键入[*x*—*y*] | 例如，[r—t]ight 查找“right”和“sight”。必须用升序来表示该范围 |
| 中括号内指定字符范围以外的任意单个字符 | 键入[! *x*—*y*] | 例如，t[! a—m]ck 查找“tock”和“tuck”，但不查找“tack”和“tick” |

| 查找内容 | 操作 | 举例 |
|---|---|---|
| $n$ 个重复的前一字符或表达式 | 键入{n} | 例如,fe{2}d 查找"feed",但不查找"fed" |
| 至少 $n$ 个前一字符或表达式 | 键入{n,} | 例如,fe{1,}d 查找"fed"和"feed" |
| $n$ 到 $m$ 个前一字符或表达式 | 键入{n,m} | 例如,10{1,3} 查找"10"、"100"和"1000" |
| 一个以上的前一字符或表达式 | 键入@ | 例如,lo@t 查找"lot"和"loot" |

**举例:**(1) 使用括号对通配符和文字进行分组,以指明处理次序。例如,可以通过键入【<(pre)*(ed)>】来查找"presorted"和"prevented"。

(2) 使用【\n】通配符搜索表达式,然后将其替换为经过重新排列的表达式。例如,在【查找内容(N)】文本框键入【(Newton)(Christie)】,在【替换为(I)】文本框键入【\2\1】,Word 将找到【Newton Christie】并将其替换为【Christie Newton】。

## 4.5 Word 文件的加密

对一些涉密的文档,设计者可以设置打开或编辑的密码,防止文档内容泄露,达到保护文档的目的。

在【文件】选项卡中,选择【信息】/【保护文档】,即可看到如图 4-24 所示的文档加密选项,点击【用密码进行加密(E)】,即弹出【加密文档】对话框,如图 4-25 所示。

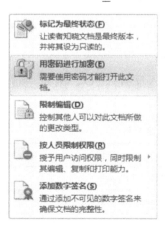

图 4-24 文档加密选项　　　　图 4-25 加密文档对话框

在【密码(R)】文本框中输入加密的密码,点击【确定】按钮,即可实现文档的加密。加密后,下次打开该文档需要输入设置的密码,否则无法查看文档的内容。

## 4.6 Word 文件的数字签名

带有数字签名的 Word 文档,用户打开时如果签名还在并在有效期,则该文档未被任何人修改过,一定是来源于签名者的。需要生成数字签名文档的机器上安装了签名者的个人数字证书。

　　打开浏览器,选择【工具】/【Internet 选项(O)】,弹出【Internet 选项】对话框,在【内容】选项卡中点击【证书(C)】按钮,弹出如图 4-26 所示的【证书】对话框,在其中可以查看本机上安装的个人数字证书,如果是空白,则本机无法对文档进行数字签名。

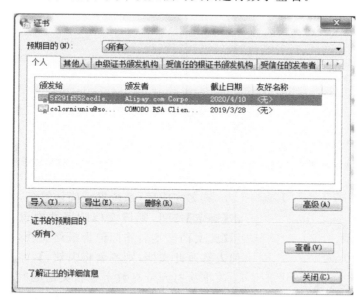

图 4-26　查看本机证书选项

　　双击其中一个数字证书,可以查看证书信息,其中的提示【您有一个与该证书对应的私钥。】,表明该级可以用来生成带有数字签名的 Word 文件,如图 4-27 所示。

　　在【文件】选项卡中,选择【信息】/【保护文档】,点击【添加数字签名(S)】按钮,即弹出【数字签名】对话框,如图 4-28 所示。

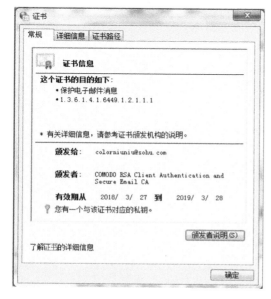

图 4-27　证书详细信息

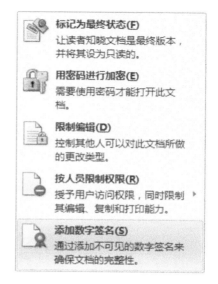

图 4-28　添加数字签名选项

选择当前机器上的可以用于数字签名的证书,如图 4-29 所示,点击【确定】按钮,回到签名对话框,如图 4-30 所示,在【签署此文档的目的(P)】文本框中输入对应的信息,点击【签名(S)】按钮即可实现对文档的数字签名。

图 4-29　选择数字签名的证书　　　　　　　图 4-30　对文档进行签名

图 4-31　签名确认

签名完成后,系统提示确认签名,如图4-31所示。点击【确定】按钮,则该文档的属性中也会多一个显示,显示【此文档已签名并标记为最终文档,不可编辑,如果任何人篡改此文档,则签名将失效。】,如图 4-32 所示。

下次打开带有数字签名文档的时候,文档左下角会显示一个带有数字签名的小图标,打开数字签名,可以看到签名的信息,如图 4-33 所示。

图 4-32　签名完成后文档显示签名的信息

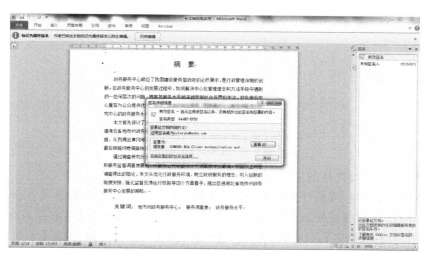

图 4-33　签名完成后查看 Word 文档的数字签名

## 4.6　控件工具的应用

图 4-34 所示的是一个利用控件创建的 Word 文档，该文档中很多部分都是文本型内容控件、下拉型列表控件等。例如，在【性别】区域点击即可实现在下拉列表选择【男】或【女】，这对于填电子表格很重要，故实际应用很广泛。这种功能是如何实现的呢？我们下面以创建一个纯文本型内容控件和一个下拉列表型控件为例，介绍控件工具的使用方法。

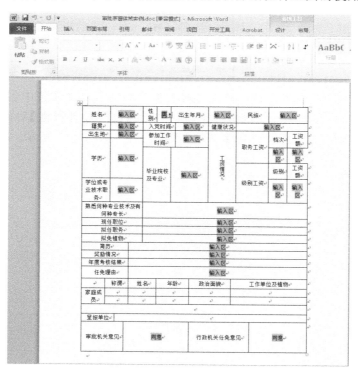

图 4-34　创建包含窗体域的文档

启动控件工具的方法：在【文件】选项卡中选择【选项】/【自定义功能区】，选中【开发工具】复选框,然后点击【确定】按钮。在【开发工具】选项卡中,可以看到有【控件】选项组,如图 4-35 所示。

图 4-35 【控件】选项组

**例 4-1** 添加控件的实例。

在【开发工具】选项卡【控件】选项组中点击【格式文本内容控件】,即可在 Word 文档中创建一个文本控件。在【控件】选项组中点击【属性】按钮,在弹出的【内容控件属性】对话框中设置【标题(T)】为【姓名】,设置【标记(A)】为【name】,在【锁定】栏勾选【无法删除内容控件(D)】,点击【确定】按钮,如图 4-36 所示。

图 4-36 创建文本型窗体域

在【控件】选项组中点击【下拉列表内容控件】,即可在 Word 文档中创建一个下拉列表控件。在【控件】选项组中点击【属性】按钮,在弹出的【内容控件属性】对话框中设置【标题(T)】为【性别】,【标记(A)】为【gender】,点击【确定】按钮,如图 4-37 所示。

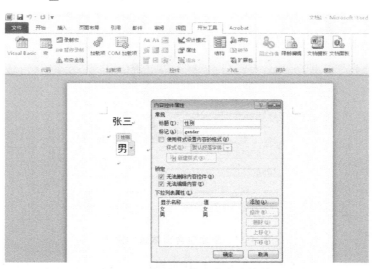

图 4-37 创建下拉列表内容控件

按照这种方法,我们可以实现图 4-34 所示的表格中其他控件的设计。

 ## 4.7 主控文档的应用

将多个单独的文档的内容合并到同一个文档中就形成主控文档。主控文档可以对子文档进行控制,这对于分工合作意义重大。

下面通过一个实例来介绍协同编辑具体的操作步骤。有一个总结报告,其中包含综述、财务状况、公司业绩、人员管理、安全制度、总结等六个文档。首先在文件夹中创建该主控文档相关的七个文件,如图 4-38 所示。

**图 4-38 主控文档相关的文件**

先用 Word 2010 编辑整个报告的提纲,选中总结报告的【综述】文档,在【开始】选项卡的【样式】选项组中单击选择【标题 1】,将其设置为标题样式。同样分别将【财务情况】【公司业绩】【人员管理】【安全制度】【总结】五个部分的首行标题都设置为【标题 1】样式。如果总结报告已经设置了相应标题样式,那就不用再单独设置。

然后选择【视图】/【大纲视图】,选中【显示文档】和【折叠子文档】两个选项,如图 4-39所示。

**图 4-39 主控文档选项组**

在一级标题【综述】下面点击【主控文档】选项组中的【插入】按钮,选择【综述】对应的文件。按相同的方法,可以插入其他的几个文件到主控文档中来。添加后的结果如图 4-40所示。

如果点击【折叠子文档】按钮,显示如图 4-41 所示。

图 4-40　添加子文档到主控文档

图 4-41　折叠子文档

　　一般分工协作的条件下,把【主控文档】文件夹下的六个子文档按分工发给六个人进行编辑,同时交代他们不能修改文件名。等大家编辑好各自的文档发回后,我们再把这些文档复制粘贴到【主控文档】文件夹下覆盖同名文件,即可完成汇总。

　　总结报告完成后我们还需要把编辑好的主文档转成一个普通文档。打开主文档【主控文档.DOCX】,在大纲视图下单击【大纲】选项卡中的【展开子文档】以完整显示所有子文档内容。再按【Ctrl】+【A】键,全选所有显示的子文档内容,单击【大纲】选项卡中的【显示文档】按钮,展开【主控文档】区,单击【取消链接】即可。最后选择【文件】/【另存为】/【Word 文档】命令即可得到合并后的一般文档。在此最好不要直接保存，毕竟原来的主文档以后再编辑可能还会使用。

 ## 4.8　Word 文件与 PDF 文件格式的转换

PDF 是 Portable Document Format 的简称，意为"便携式文档格式"，是由 Adobe 系统公司开发的用于与应用程序、操作系统、硬件无关的方式进行文件交换所发展出的文件格式。PDF 文件以 PostScript 语言图像模型为基础，无论在哪种打印机上都可保证精确的颜色和准确的打印效果，即 PDF 会忠实地再现原稿的每一个字符、颜色以及图像。越来越多的电子图书、产品说明、公司文告、网络资料、电子邮件都开始使用 PDF 格式文件。

Word 文件与 PDF 文件格式的转换是非常常见的格式转换。一般在编辑好 Word 文件后发布的电子文档最好转换为 PDF 文件，这样方便阅读和打印。

制作 PDF 文件有很多方法，Office 2010 自带有转换工具，大家也可以在网上买各种转换工具，一般都需要收费，转换效果参差不齐。在此推荐安装 Adobe 系统公司的 Acrobat 的工具软件，它可以解决 PDF 文件与 Word 文件转换的各种障碍。

Acrobat 工具是 Adobe 公司的产品，它不仅能作为 PDF 阅读器，还可以完成创建 PDF 文件，把 PDF 文件转 Word 文件等，功能非常强大。Acrobat 安装成功后启动界面如图4-42所示。

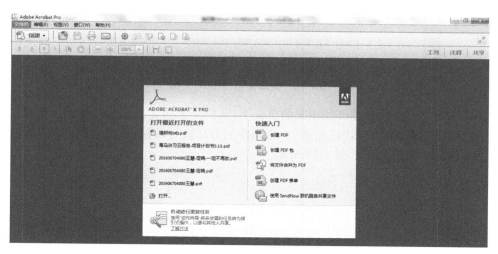

**图 4-42　Acrobat 启动界面**

一般 Acrobat 安装成功后，在 Word 启动后的选项区中也会增加【Acrobat】选项卡，在【Acrobat】选项卡中也可以完成 Word 文件与 PDF 文件的格式转换，如图 4-43 所示。点击【Acrobat】选项卡中的【创建 PDF】按钮，即可以把当前文档快速转换为 PDF 文件。

**图 4-43　Word 中的【Acrobat】选项卡**

转换为 PDF 文件后，如果想限制阅读者窃取里面的内容，防止复制、打印等，可以利用 Acrobat 的加密功能来实现，加密后打开的文档在标题栏会显示"已加密"字样。

Acrobat 不仅仅能把 Word 文件转为 PDF，还可以把已经制作好的 PDF 文件转回 Word 文件。我们经常从网上下载的各类 PDF 文件，想要获取里面的电子文档部分，可以采用此格式转换。

如图 4-44 所示的是一个网上下载的 PDF 文件，打开后可以看见该文档在标题页无"文档已加密"的提示，那么利用 Acrobat 工具可以快速把文档转为 Word 文件格式。选择【文件】/【另存为】/【Microsoft Word】命令，点击【Word 文档】，Acrobat 即开始把该文档转为 Word 文件。

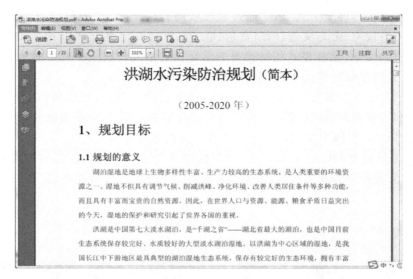

图 4-44　未经加密的 PDF 文档

如果 PDF 文档在发布者已经加密的状态下，我们是无法完成直接转换的。加密的 PDF 文档打开后，在标题栏会显示"已加密"。用同样的方法进行转换，系统会提示：【文档的许可不足，无法执行本操作】，如下图 4-45 所示。

图 4-45　被加密的 PDF 文档

这时,要想完成文档的转换,必须首先对该文档进行解密。如果文档仅仅使用的是口令加密,用一般的工具是可以完成解密的。例如,如可以在网上下载 HAP_APPR 工具软件,安装完成后再利用该软件完成口令的解密,解密后的文档再按照上面的方法完成转换。如果文档使用的是数字证书加密,是无法解密的,也就无法完成转换操作。

 ## *4.9* 应用技巧

### 4.9.1 检查问题

在文档发布的同时,往往会附带一些之前修订时忘记删除的更改或者注释,还有一些文档的属性信息,如作者的名字等信息,这些信息无疑会泄露一些用户不希望发布的内容。若每次发布文档之前用 Office 2010 的文档检查器对文档的内容进行检查,即可帮助用户迅速发现并删除这些隐含的信息。选择【文件】/【信息】/【检查问题】/【检查文档】命令,通过运行文档检查器去清理文档中的各种信息,如图 4-46 所示。

**图 4-46 文档检查功能**

### 4.9.2 邮件合并

利用 Word 2010 的邮件合并功能可以实现文档的批量打印或分发。例如,会议邀请函、个人信函、信封、工资条的批量分发与打印。

**准备工作** 在 Office 中,先建立两个文档:① 包括所有文件共有内容的主 Word 文档,如未填写的信封等;② 包括变化信息的数据源的 Excel 文档,如填写的收件人、发件人、邮编等。

**主要步骤** ① 建立主文档;② 建立或导入数据源(Excel 表格);③ 将主文档与数据源进行合并,实现批量打印与分发。

**实例** 利用邮件功能合并批量制作信封。

**基本步骤** 选择【邮件】选项卡,如图 4-47 所示。点击【中文信封】按钮新建一个主文档,即一个信封,如图 4-48 所示。

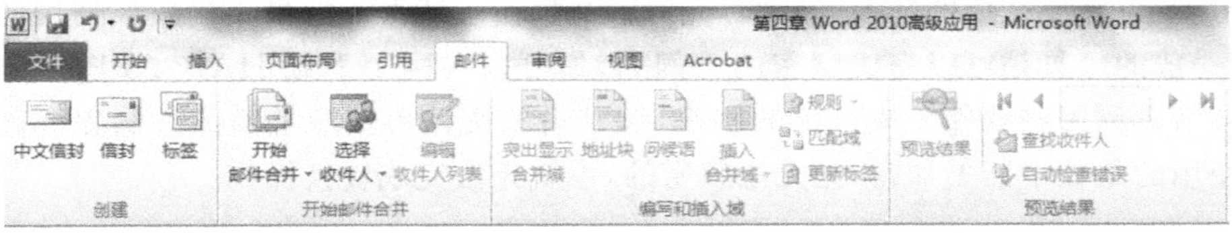

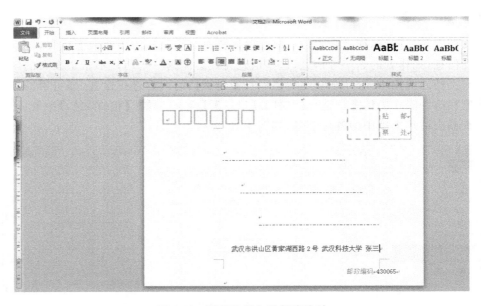

图 4-47　【邮件】选项卡

图 4-48　利用信封向导新建信封

单击【选择收件人命令】，选择【使用现有列表】，弹出【选择数据源】对话框，如图 4-49
所示。

图 4-49　选择数据源窗口

选中数据表格后，点击【确定】按钮，返回主页面，单击【编辑收件人列表】按钮，弹出【邮件合并收件人】对话框，如图 4-50 所示。

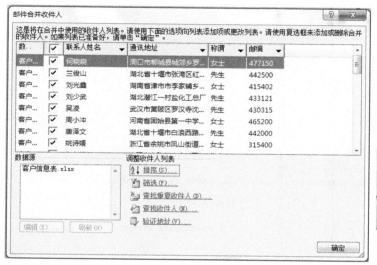

图 4-50　邮件合并收件人　　　　　　　　　　　图 4-51　插入合并域

点击【插入合并域】按钮，选择需要插入的域名，如图 4-51 所示，分别在主控文档的相应位置插入数据源中的字段信息。插入完成后的效果如图 4-52 所示。

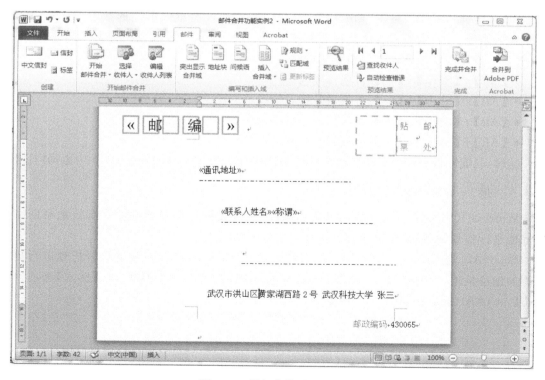

图 4-52　插入合并域的效果

最后，单击【完成并合并】按钮，完成整个邮件合并的步骤。点击【预览结果】按钮，可以逐条预览合并结果，如图 4-53 所示。点击【完成并合并】的扩展按钮，可以编辑单个文档，实现批量打印和批量分发，还可以通过邮件批量发送。

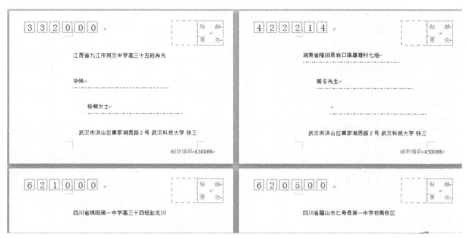

图 4-53　合并完成后批量生成的信封

### 4.9.3　自动编号

很多人对 Word 中的自动编号功能不是很熟悉，认为它难以控制，其实只要掌握了方法，自动编号还是一个非常好用的功能。在编号过程中，如果需要暂时中断自动编号而去书写该编号下面的细节内容，可以通过【Shift】+【Enter】键进行软换行，这样编号就不会继续了，当需要继续编号时再按【Enter】键进行换行，编号又会继续前面的数字了。如果需要控制多级编号，有一组常用的快捷键非常重要：【Alt】+【Shift】+【方向键】。选中要调整的文字内容，通过以下组合键实现调整的功能。

- 【Alt】+【Shift】+【→】：将项目降级。
- 【Alt】+【Shift】+【←】：将项目升级。
- 【Alt】+【Shift】+【↑】：将项目向上移动次序。
- 【Alt】+【Shift】+【↓】：将项目向下移动次序。

这样，就能够轻松使用自动编号的便利，而避免出现麻烦了，在 PowerPoint 中也同样适用。

### 4.9.4　插入 SmartArt 图形

Word 2010 中引入了很多新的对象和部件，这些文档对象和部件能够有效地帮助用户更好地进行信息的展现、更快速更专业地完成文档的制作。

SmartArt 是 Office 2010 中引入的新的元素，使用 SmartArt 对象能够轻松地进行更加直观的信息呈现。Office 2010 提供了近 200 种不同的 SmartArt 形状。在【插入】选项卡中点击【SmartArt】按钮，如图 4-54 所示。

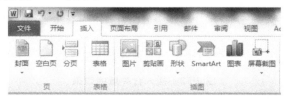

图 4-54　【SmartArt】按钮

在弹出的【选择 SmartArt 图形】对话框中可以根据要表达的内容，选择某一类别下的某种 SmartArt 形状，点击【确定】按钮，如图 4-55 所示。

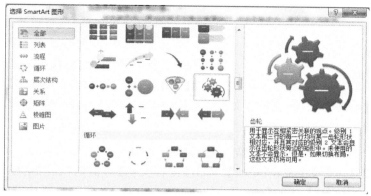

**图 4-55  选择插入的 SmartArt 图形**

点击 SmartArt 左侧的展开编辑按钮，即可对 SmartArt 中的文本进行编辑，如图 4-56 所示。

**图 4-56  编辑 SmartArt 图形中的文本**

文本编辑完成后，还可以针对 SmartArt 进行样式的设定。选择【SmartArt 工具/设计】选项卡中的【更改颜色】以及【样式】按钮，对 SmartArt 图的效果进行调整，如图 4-57 所示。

**图 4-57  对插入 SmartArt 图的效果进行调整**

这样，一组富有展现力的 SmartArt 形状就呈现在面前了。

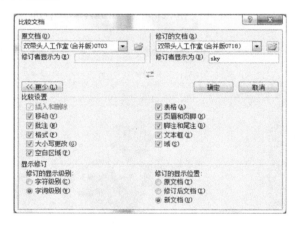

图 4-58　比较选项组

### 4.9.5　比较与合并文档

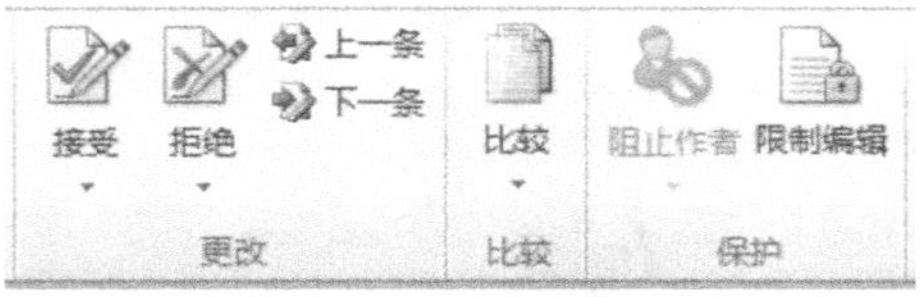

　　Word 2010 可以轻松找出对文档所进行的更改。比较与合并文档时，可以查看文档的两个版本，而已删除、插入和移动的文本则会清楚地标记在文档的第三个版本中。选择【审阅】/【比较】/【比较（C）…】或【合并（M）…】命令，并指定源文档以及修订过的文档，能够快速对文档中修订位置进行判断，并生成最终结果。【比较】选项组如图 4-58 所示。

　　**例 4-2**　比较两个版本的 Word 文档。

　　选择【审阅】/【比较】/【比较（C）…】，弹出【比较文档】对话框，在对话框中设置【原文档（O）】和【修订的文档（R）】，点击【确定】按钮，如图 4-59 所示，即可快速比较两个文档的详细区别，比较结果如图 4-60 所示。

图 4-59　【比较文档】对话框

图 4-60　比较文档的结果

### 4.9.6 定义文档的最终版本

在与其他用户共享文档的最终版本之前，可以使用【标记为最终状态（F）】命令将文档设置为只读，并告知其他用户您在共享文档的最终版本。在将文档标记为最终版本后，其键入、编辑命令以及校对标记都会被禁用，以防止查看文档的用户不经意地更改该文档。【标记为最终状态（F）】命令并非安全功能。任何人都可以通过关闭【标记为最终状态（F）】来编辑标记为最终版本的文档。

选择【文件】/【信息】/【保护文档】/【标记为最终状态（F）】命令，如图 4-61 所示，即可把目前编辑的文档标记为最终版本，系统默认把文档设置为只读型文档。

### 4.9.7 自定义宏

宏将一系列的 Word 命令和指令组合在一起，形成一个命令集合，以实现任务执行的自动化。在文档编辑过程中，经常有某项工作要多次重复进行，这时可以利用 Word 的宏功能来使其自动执行，以提高效率。

Word 2010 的工具选项卡中默认的是不包含宏的相关工具栏的，首先要打开 Word 2010 的宏功能。选择

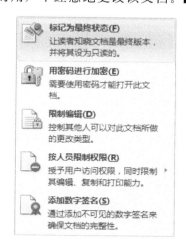

图 4-61 标记文档为最终版本

【文件】/【选项】命令，在弹出的【Word 选项】对话框中【自定义功能区】，选中【开发工具】复选框，如图 4-62 所示。

为了安全起见，新建的文件默认是禁止宏运行的，需要手动区解除禁止。点击【信任中心】，在【宏设置】中选中【启用所有的宏（不推荐，可能会运行有潜在危险的代码）（E）】，如图 4-63 所示。

图 4-62 打开自定义功能区的开发工具

图 4-63 当前文件启用宏

**例 4-3** 编辑一个宏，实现文档中"一级标题"一次标准化为黑体 18 号。

**方法** 在【开发工具】选项卡中点击【宏】按钮，在弹出的【宏】对话框【宏名（M）】文本框中输入【标题格式标准化】，如图 4-64 所示。点击【创建（C）】按钮，即可进入宏的编辑界面。

图 4-64　创建宏

在如图 4-65 所示的宏的编辑界面中,输入宏的代码,具体如下。

```
Sub 标题格式标准化()
    'Macro1 Macro
    '宏在 2018-8-2 由 sky 录制
    Selection.WholeStory
        With Selection.Find.ParagraphFormat
        .OutlineLevel = wdOutlineLevel1
        .WordWrap = True
        End With
    Selection.Font.Name = "黑体"
    Selection.Font.Size = 18
        End Sub
```

图 4-65　宏的编辑界面

完成该宏的定义后,任意一个文件中只需要点击运行该宏,如图 4-66 所示,即可实现所有"一级标题"一次性全部改为黑体 18 号。

**图 4-66　运行宏**

# 习　题　4

**一、选择题**

1. 利用 Word 编辑一份书稿,出版社要求目录和正文的页码分别采用不同的格式,且均从 1 开始,最优的操作方法是(　　　)。

　　A. 将目录和正文分别保存在两个文档中,分别设置页码

　　B. 在目录与正文之间插入分节符,在不同的节中设置不同的页码

　　C. 在目录与正文之间插入分页符,在分页符前后设置不同的页码

　　D. 在 Word 中不设置页码,将其转换为 PDF 格式时再增加页码

2. 如果希望为一个多页的 Word 文档添加页面图片背景,最优的操作方法是(　　　)。

　　A. 在每一页中分别插入图片,并设置图片的环绕方式为衬于文字下方

　　B. 利用水印功能,将图片设置为文档水印

　　C. 利用页面填充效果功能,将图片设置为页面背景

　　D. 选择"插入"选项卡中的"页面背景"命令,将图片设置为页面背景

3. 毕业论文完成后,现在需要在正文前添加论文目录以便检索和阅读,最优的操作方法是(　　　)。

　　A. 利用 Word 提供的"手动目录"功能创建目录

　　B. 直接输入作为目录的标题文字和相对应的页码创建目录

　　C. 将文档的各级标题设置为内置标题样式,然后基于内置标题样式自动插入目录

　　D. 不使用内置标题样式,而是直接基于自定义样式创建目录

4. 某同学的毕业论文分别请了两位老师进行审阅。每位老师分别通过 Word 的修订功能对该论文进行了修改。现在,需要将两份经过修订的文档合并为一份,最优的操作方法是(　　　)。

　　A. 在一份修订较多的文档中,将另一份修订较少的文档中的修改内容手动对照补充进去

　　B. 请一位老师在另一位老师修订后的文档中再进行一次修订

　　C. 利用 Word 比较功能,将两位老师的修订合并到一个文档中

D. 将修订较少的那部分舍弃，只保留修订较多的那份论文作为终稿

5. 在 Word 文档中，学生"张小民"的名字被多次错误的输入为"张晓明""张晓敏""张晓民""张晓名"，纠正该错误的最优操作方法是（　　　）。

A. 从前往后逐个查找错误的名字并更正

B. 利用 Word"查找"功能搜索文本"张晓"，并逐一更正

C. 利用 Word"查找和替换"功能搜索文本"张晓＊"，并将其全部替换为"张小民"

D. 利用 Word"查找和替换"功能搜索文本"张晓?"，并将其全部替换为"张小民"

## 二、简答题

1. 什么是模板？Word 的默认模板是什么？

2. 什么是邮件合并的主文档、合并域？完成邮件合并的基本步骤是什么？

3. 什么是宏？宏有什么作用？

4. 什么是数字签名，数字签名能起到什么作用？

5. 长文档中分节有什么作用？

6. 自定义样式有什么作用？如何让自定义样式可以多次重复使用？

## 二、操作题

1. 输入以下两个公式：

(1) $x_{1,2} = \dfrac{-b \pm \sqrt{b^2 - 4ac}}{2a}$ ；　　　　(2) $\dfrac{x}{a} + \dfrac{y^2}{b^2} = 1$ 。

2. 按照武汉科技大学本科生毕业论文的要求制作一个模板文件，保存到系统自带的模板文件夹，方便以后新建论文直接调用。武汉科技大学本科毕业论文基本规范中的文档排版格式要求如下。

（1）各级标题样式要求如下。

● 一级标题：1，第一层次（章）题序和标题，用小二号黑体字，前面空 1 行。题序和标题之间空两个字符，不加标点，左对齐，下同。

● 二级标题：1.1，第二层次（节）题序和标题，用小三号黑体字。

● 三级标题：1.1.1，第三层次（条）题序和标题，用四号黑体字。

● 第四层次及以下各层次题序及标题，用小四号黑体字。

● 正文用宋体小四号字，行间距 1.25 倍。

（2）参考文献要求如下。

论文中被引用的参考文献序号置于所引用部分的右上角（如[1]），必须以脚注和尾注的形式在文后参考文献部分按顺序一一列出。

（3）页面布局格式要求如下。

版面页边距上、下为 2.5 cm、左为 3 cm，右为 2 cm；页眉加"武汉科技大学本科毕业设计"或"武汉科技大学本科毕业论文"，字体为隶书 3 号字居中，页眉距边界 2 cm；页码用阿拉伯数字小五号字底端居中（摘要、目录的页码用罗马字母小五号字底端居中），页脚距边界 1.75 cm。

# 第**5**章  Excel 2010 基础应用

  Excel 是微软办公套装软件的一个重要的组成部分，它可以进行各种数据的处理、统计分析和辅助决策操作，广泛应用于管理、统计财经、金融等众多领域。Excel 2010 可以通过采用比之前版本更多的方法分析、管理和共享信息功能，来帮助用户做出更好、更明智的决策。

## 5.1 Excel 2010 的基础知识

### 5.1.1 Excel 2010 的工作界面

  Excel 2010 最明显的变化就是取消了传统的菜单操作方式，而代之以各种功能区。在 Excel 2010 将窗口上方的菜单区域其实是功能区，当单击这些按钮时并不会弹出菜单，而是切换到与之相对应的功能区。

  Excel 2010 工作界面除了具有与 Word 相同的标题栏、菜单栏、工具栏等组成部分外，还具有其特有的组成部分，如图 5-1 所示。

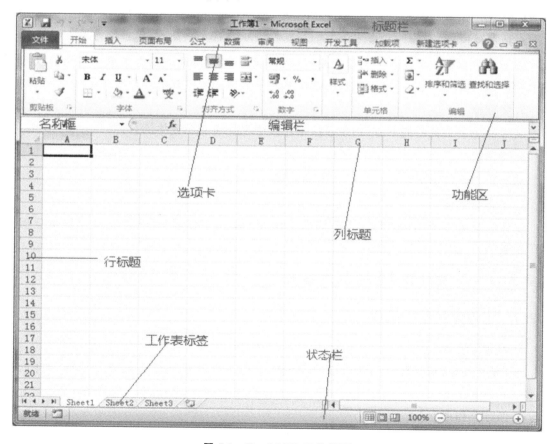

图 5-1 Excel 2010 工作界面

### 5.1.2 Excel 2010 的基本概念

下面简单介绍 Excel 中的一些基本概念,如工作簿、工作表、单元格等。

**1. 工作簿**

Excel 工作簿是计算和存储数据的文件,每一个工作簿都由多张工作表组成,用户可以在单个文件中管理各种不同类型的信息,默认情况下,一个工作簿包含 3 张工作表,分别为 Sheet 1,Sheet 2 和 Sheet 3。一个工作簿最多可以包含 255 张工作表。

**2. 工作表**

用户利用工作表可以对数据进行组织和分析,也可以同时在多张工作表中输入或编辑数据,还可以对不同工作表中的数据进行汇总计算。工作表由单元格组成,横向为行,分别以数字命名,如 1,2,3,4…;纵向为列,分别以字母命名,如 A,B,C,D…。

**3. 单元格**

Excel 工作簿最基本的核心就是单元格,它也是 Excel 工作簿的最小组成单位。单元格可以记录简单的字符或数据,从 Excel 2000 版本起,就可以记录多达 32 000 个字符的信息。一个单元格记录数据信息的长短,可以根据用户的需要进行改变。单元格是由行号和列号标识的,如 A1,B3,D8,F5 等。

Excel 2010 中每张工作表最多可以有 $2^{14}=16384$ 列和 $2^{20}=1048576$ 行。

**4. 单元格区域**

单元格区域是一组被选中的相邻或不相邻的单元格。所选范围内的单元格都会以高亮显示,取消时又恢复原样。在工作表所选区域外单击鼠标即可取消选择单元格区域。

**5. 名称框**

名称框位于工具栏的下方,用于显示工作表中光标所在单元格的名称。

**6. 编辑栏**

编辑栏用于显示活动单元格的数据和公式。

**7. 工作表标签**

工作表标签用于标识工作簿中不同的工作表。单击工作表标签,即可迅速切换至相应的工作表中。

## 5.2 Excel 2010 的基本操作

### 5.2.1 工作簿的基本操作

**1. 创建工作簿**

选择【文件】/【新建】命令,即可以快速创建空白工作簿或从模板创建工作簿,如图 5-2 所示。

**2. 保存工作簿**

选择【文件】/【另存为】命令,即可快速将目前的工作簿进行保存,如图 5-3 所示。

图 5-2 新建工作簿界面

图 5-3 保存工作簿界面

**3. 打开工作簿**

选择【文件】/【打开】命令,找到要打开的文件所在的目录,即可打开对应文件。同时,【打开】按钮旁边有最近打开的文件记录,可以快速完成文件打开。

**4. 关闭工作簿**

关闭工作簿前一般应先保存工作簿,如果新建的工作簿未保存过,会弹出【另存为】对话框,提示把工作簿存放在某一个目录下。

## 5.2.2 工作表的基本操作

**1. 重命名工作表**

双击工作表即可直接更改工作表名称。

**2. 插入和删除工作表**

右击工作表标签,在弹出的快捷菜单中选择【插入】,点击【新工作表】即可插入新的工作表。

**3. 复制和移动工作表**

右击工作表标签,在弹出的快捷菜单中选择【移动】或【复制】即可。

**4. 隐藏和恢复工作表**

右击工作表标签,在弹出的快捷菜单中选择【隐藏】即可。工作表被隐藏后,再次右击工作表标签,在弹出的快捷菜单中选择【取消隐藏】,即可恢复工作表的显示。

## 5.2.3 数据的输入和自动填充

Excel 中应特别注意各种数据类型的数据输入方式差异,可以自动填充相同的数据或顺序数据,从而提高输入效率和准确性。

**1. 单个输入数据**

数据类型不同,其相应的输入方法也不同。Excel 中包含有 4 种类型的数据,下面将分别介绍其输入方法。

1) 输入文本

文本包括汉字、英文字母、数字、空格以及其他键盘能输入的符号,可在单元格中输入 32 000 个字符,且字符型数据通常不参与计算。

输入文本型数据时,只要将单元格选中,直接在其中输入文本,按回车键即可。如果用户输入的文本内容超过单元格的列宽,则该数据就要占用相邻的单元格。如果相邻的单元格中有数据,则该单元格中的内容就会截断显示。

如果用户输入的数据全部由数字组成,在输入时必须先输入"'",然后再输入数字,这样,系统才会将输入的数字当成文本,并使它们在单元格中左对齐。

2) 输入数值型数据

数值型数据是指包括 0,1,2…,以及正号(+)、负号(-)、小数点(.)、分号(;)、百分号(%)等在内的数据,这类数据能以整数、小数、分数、百分数以及科学记数形式输入到单元格中。输入数值型数据时,应注意以下事项。

（1）如果要输入分数，如 3/5，应先输入"0"和一个空格，然后再输入"3/5"，否则系统会将该数据作为日期处理。

（2）输入负数时，可分别用"－"或"（）"来表示。例如，－8 可以用"－8"或"（8）"来表示。

（3）如果用户输入数字的有效位超过单元格列宽，在单元格中无法全部显示时，Excel 将自动显示出若干个♯号，用户可通过调整列宽来将所有数据显示出来。

3）输入日期

日期也是数字，但它们有特定的格式，输入时必须按照特定的格式才能正确输入。输入日期时，应按照 yyyy/mm/dd 的格式输入，即先输入年份，再输入月份，最后输入日，如 2010/04/21。如果用户要输入当前日期，按【Ctrl】+【;】组合键即可。

4）输入时间

输入时间时，小时、分、秒之间用冒号分开，如 10:30:25。如果输入时间后不输入 AM 或 PM，Excel 会默认为使用的是 24 小时制，且输入时要在时间和 AM/PM 标记之间输入一个空格。如果用户要输入当前的时间，按【Ctrl】+【Shift】+【;】组合键即可。

**2. 输入批量数据**

在制作电子表格时，通常要在 Excel 中输入批量数据。如果一个一个地输入，这将十分麻烦且浪费时间，因此，用户可采取特定的方法来输入大批量的数据，以提高工作效率。

1）输入相同数据

如果要输入批量相同数据，可按照以下操作步骤进行。

（1）在某个单元格中输入初始数据。

（2）选中包括该初始数据在内的一个单元格区域。

（3）激活编辑区，按【Ctrl】+【Enter】组合键即可。

2）输入可扩充数据序列

Excel 中提供了一些可扩展序列，相邻单元格中的数据将按序列递增的方法进行填充，具体操作步骤如下。

（1）在某个单元格中输入序列的初始值。

（2）按住【Ctrl】键的同时单击该单元格右下角的填充柄并沿着水平或垂直方向进行拖动。

（3）到达目标位置后释放鼠标左键，被鼠标拖过的区域将会自动按递增的方式进行填充。

3）输入等差序列

等差序列是指单元格中相邻数据之间差值相等的数据序列。在 Excel 中，输入等差序列的具体操作步骤如下。

（1）在两个单元格中输入等差序列的前两个数。

（3）选中包括这两个数在内的单元格区域。

（3）单击并拖动其右下角的填充柄沿着水平或垂直方向拖动，到达目标位置后释放鼠标左键，被鼠标拖过的区域将会按照前两个数的差值自动进行填充。

4）输入等比序列

等比序列是指单元格中相邻数据之间比值相等的数据序列。在 Excel 中,输入等比序列的具体操作步骤如下。

（1）在单元格中输入等比序列的初始值。

（2）选择【编辑】/【填充】/【序列】命令,弹出【序列】对话框。

（3）在【序列产生在】选项组中选择序列产生的位置;在【类型】选项组中选中【等比序列（G）】单选按钮;在【步长值（S）】文本框中输入等比序列的步长;在【终止值（O）】文本框中输入等比序列的终止值。

（4）设置完成后,单击【确定】按钮即可。

## 5.2.4　编辑工作表

### 1.选定单元格

可使用光标来框选单个单元格或单元格区域。

### 2.插入和删除单元格

注意插入单元格后其他单元格的位置关系,活动单元格右移或下移可能引起数据整体移动,导致数据张冠李戴,如图 5-4 所示。

### 3.复制和移动单元格

复制单元格时候,如果单元格中的有公式,粘贴的时候可以在右键快捷菜单中进行选择,如图 5-5 所示。

图 5-4　插入单元格

图 5-5　复制单元格后粘贴选项

### 4.调整行高和列宽

在工作表的行号处拖动可调整该行的行高,同样在列号处拖动也可调整该列的列宽。

### 5.设置单元格格式

右击单元格或单元格区域,弹出【设置单元格格式】对话框,如图 5-6 所示。

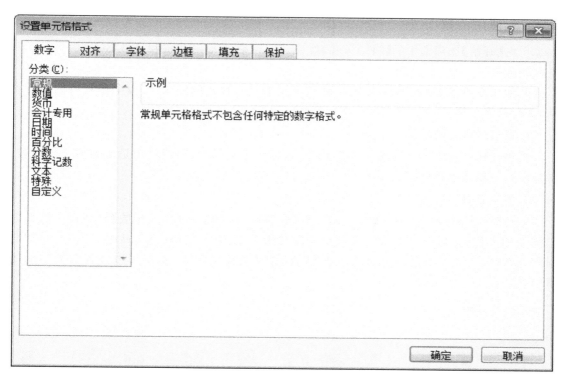

图 5-6 【设置单元格格式】对话框

### 5.2.5 自动套用格式

在【开始】选项卡的【套用表格格式】中选择需要的格式,即可快速套用系统提供的各种表格格式。

 ## 5.3 Excel 中常见公式和函数的使用

### 5.3.1 使用公式

#### 1. 四则运算和乘方运算

进行四则运算和乘方运算将用到的运算符有:＋、-、＊、/、^。

#### 2. 插入公式

编辑栏中输入"＝"＋"公式内容",可以编辑自己定义的各种运算。

#### 3. 隐藏公式

右击需要隐藏公式的区域,在弹出的快捷菜单中选择【设置单元格格式(F)…】命令,在弹出的【单元格格式】对话框中选择【保护】选项卡,在其中选中【隐藏(H)】复选框。隐藏后需要选择【工具】/【保护(P)】/【保护工作表(P)…】命令。

> 注意:隐藏公式的作用是使打开者无法知道其中的运算法则,只能看到结果,保护后该工作表无法被编辑。

### 5.3.2 使用函数

单击【开始】选项卡中的【自动求和】按钮，Excel 将自动出现求和函数 SUM() 以及求和的数据区域。

其他函数可以选择手动输入或从公式选项卡里选择相应的函数，每个函数带的参数不同，需要灵活运用。

**1. 直接输入函数**

在单元格中输入"="后输入函数名称，名称后是括号"()"，括号中是函数所带的参数，参数全部正确才能得到正确的结果。

**2. 插入函数**

选择【公式】选项卡，单击【插入函数】按钮，可以从弹出的【插入函数】对话框中选择自己需要的函数，然后逐个输入该函数所需的参数。如图 5-7 所示，Excel 中有财务、日期与时间、数学与三角函数等十几种类别的函数，选择具体的类别，从中可以选择需要引用的函数。

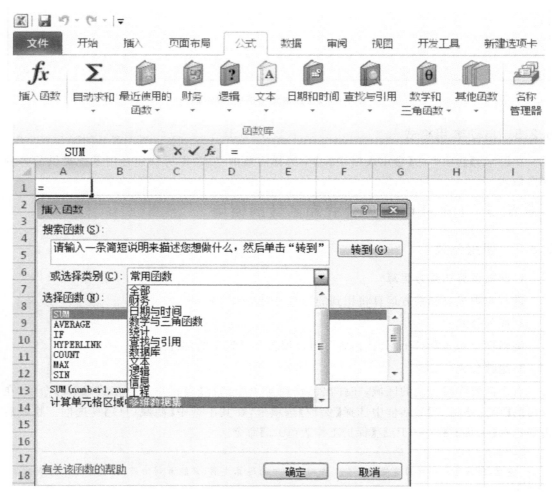

图 5-7　函数的类别

### *5.4* 管理和分析数据

### 5.4.1 数据的排序

选中要排序的数据区域后,点击【数据】选项卡中的【排序】按钮,在弹出的【排序】对话框中可以添加多个关键字的数据排序,首选按照主关键字排序,主关键字相同时按照次关键字排序,如图 5-8 所示。

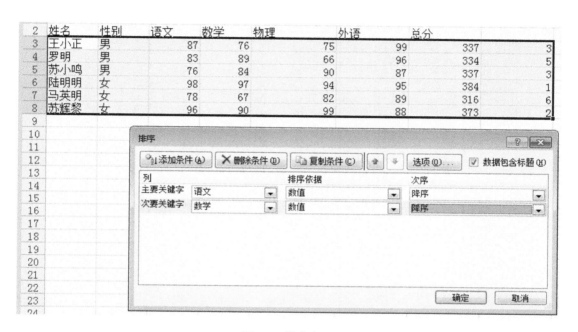

**图 5-8 排序窗口**

### 5.4.2 数据的筛选

数据筛选功能可以从大量数据中选出关注的数据,暂时不显示不关注的数据。图 5-9 所示的表中是全校某一年级学生的选课信息,若要筛选出某个学院的数据,就可以采用数据筛选功能,如果只想显示文法与经济学院的学生选课信息,点击【筛选】按钮后,如图 5-10 所示,选择【文法与经济学院】,结果如图 5-11 所示。

> **注意**:此时筛选出来的数据的行号不再是从 1 开始,因为不满足条件的数据被筛选过后不会显示。

高级筛选是采用多条件筛选的方法,可以通过自定义方式定义筛选的条件。例如,要从如图 5-9 所示的已知数据表中筛选出任选已修学分大于 15,公选已修学分大于 3 的所有文法与经济学院学生,这时候就要用到高级自定义筛选了。具体方法为:先选择所有的数据区域,此处共有 6442 行数据(如加上标题列共 6443 行),如图 5-12 所示,然后选择所选的筛选条件区域,共找到 22 条满足条件的记录,结果如图 5-13 所示。

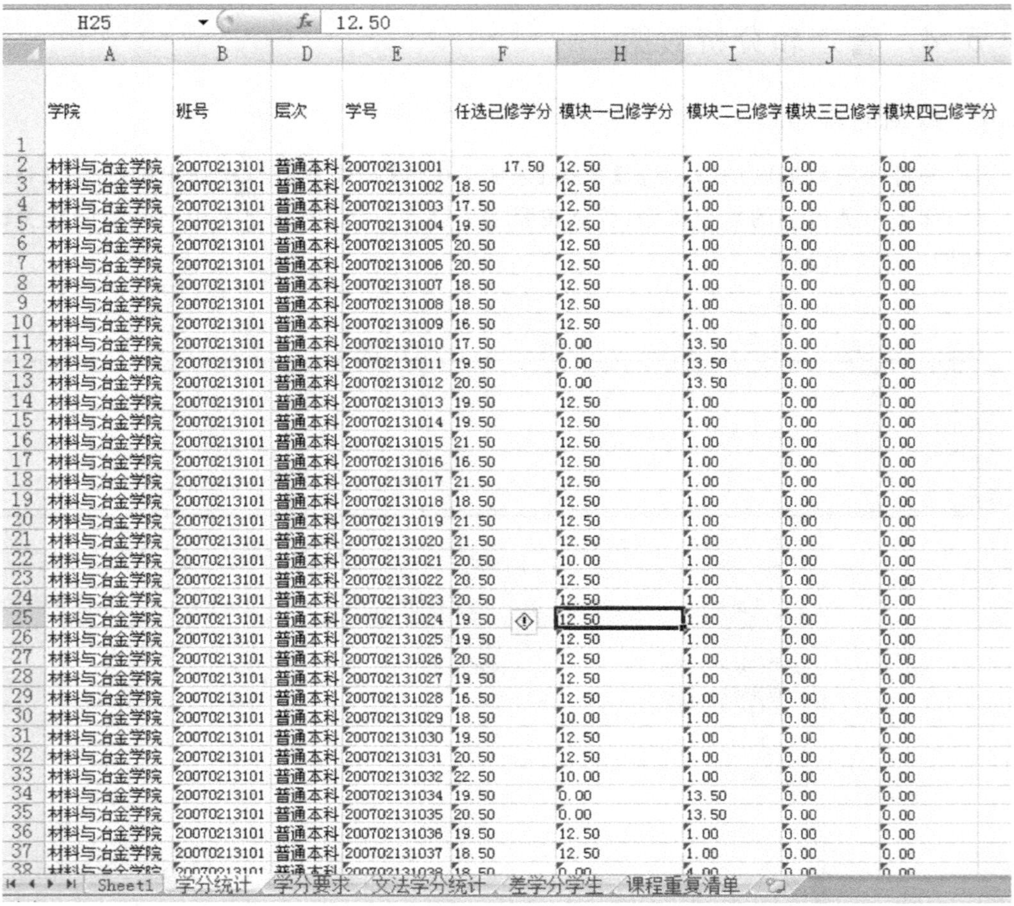

| H25 | | | fx | 12.50 | | | | | | |
| --- | --- | --- | --- | --- | --- | --- | --- | --- | --- | --- |
| | A | B | C | D | E | F | H | I | J | K |
| 1 | 学院 | 班号 | 层次 | 学号 | 任选已修学分 | 模块一已修学分 | 模块二已修学分 | 模块三已修学 | 模块四已修学分 | |
| 2 | 材料与冶金学院 | 20070213101 | 普通本科 | 200702131001 | 17.50 | 12.50 | 1.00 | 0.00 | 0.00 | |
| 3 | 材料与冶金学院 | 20070213101 | 普通本科 | 200702131002 | 18.50 | 12.50 | 1.00 | 0.00 | 0.00 | |
| 4 | 材料与冶金学院 | 20070213101 | 普通本科 | 200702131003 | 17.50 | 12.50 | 1.00 | 0.00 | 0.00 | |
| 5 | 材料与冶金学院 | 20070213101 | 普通本科 | 200702131004 | 19.50 | 12.50 | 1.00 | 0.00 | 0.00 | |
| 6 | 材料与冶金学院 | 20070213101 | 普通本科 | 200702131005 | 20.50 | 12.50 | 1.00 | 0.00 | 0.00 | |
| 7 | 材料与冶金学院 | 20070213101 | 普通本科 | 200702131006 | 20.50 | 12.50 | 1.00 | 0.00 | 0.00 | |
| 8 | 材料与冶金学院 | 20070213101 | 普通本科 | 200702131007 | 18.50 | 12.50 | 1.00 | 0.00 | 0.00 | |
| 9 | 材料与冶金学院 | 20070213101 | 普通本科 | 200702131008 | 18.50 | 12.50 | 1.00 | 0.00 | 0.00 | |
| 10 | 材料与冶金学院 | 20070213101 | 普通本科 | 200702131009 | 16.50 | 12.50 | 1.00 | 0.00 | 0.00 | |
| 11 | 材料与冶金学院 | 20070213101 | 普通本科 | 200702131010 | 17.50 | 0.00 | 13.50 | 0.00 | 0.00 | |
| 12 | 材料与冶金学院 | 20070213101 | 普通本科 | 200702131011 | 19.50 | 0.00 | 13.50 | 0.00 | 0.00 | |
| 13 | 材料与冶金学院 | 20070213101 | 普通本科 | 200702131012 | 20.50 | 0.00 | 13.50 | 0.00 | 0.00 | |
| 14 | 材料与冶金学院 | 20070213101 | 普通本科 | 200702131013 | 19.50 | 12.50 | 1.00 | 0.00 | 0.00 | |
| 15 | 材料与冶金学院 | 20070213101 | 普通本科 | 200702131014 | 19.50 | 12.50 | 1.00 | 0.00 | 0.00 | |
| 16 | 材料与冶金学院 | 20070213101 | 普通本科 | 200702131015 | 21.50 | 12.50 | 1.00 | 0.00 | 0.00 | |
| 17 | 材料与冶金学院 | 20070213101 | 普通本科 | 200702131016 | 16.50 | 12.50 | 1.00 | 0.00 | 0.00 | |
| 18 | 材料与冶金学院 | 20070213101 | 普通本科 | 200702131017 | 21.50 | 12.50 | 1.00 | 0.00 | 0.00 | |
| 19 | 材料与冶金学院 | 20070213101 | 普通本科 | 200702131018 | 18.50 | 12.50 | 1.00 | 0.00 | 0.00 | |
| 20 | 材料与冶金学院 | 20070213101 | 普通本科 | 200702131019 | 21.50 | 12.50 | 1.00 | 0.00 | 0.00 | |
| 21 | 材料与冶金学院 | 20070213101 | 普通本科 | 200702131020 | 21.50 | 12.50 | 1.00 | 0.00 | 0.00 | |
| 22 | 材料与冶金学院 | 20070213101 | 普通本科 | 200702131021 | 20.50 | 10.00 | 1.00 | 0.00 | 0.00 | |
| 23 | 材料与冶金学院 | 20070213101 | 普通本科 | 200702131022 | 20.50 | 12.50 | 1.00 | 0.00 | 0.00 | |
| 24 | 材料与冶金学院 | 20070213101 | 普通本科 | 200702131023 | 20.50 | 12.50 | 1.00 | 0.00 | 0.00 | |
| 25 | 材料与冶金学院 | 20070213101 | 普通本科 | 200702131024 | 19.50 | 12.50 | 1.00 | 0.00 | 0.00 | |
| 26 | 材料与冶金学院 | 20070213101 | 普通本科 | 200702131025 | 20.50 | 12.50 | 1.00 | 0.00 | 0.00 | |
| 27 | 材料与冶金学院 | 20070213101 | 普通本科 | 200702131026 | 20.50 | 12.50 | 1.00 | 0.00 | 0.00 | |
| 28 | 材料与冶金学院 | 20070213101 | 普通本科 | 200702131027 | 19.50 | 12.50 | 1.00 | 0.00 | 0.00 | |
| 29 | 材料与冶金学院 | 20070213101 | 普通本科 | 200702131028 | 16.50 | 12.50 | 1.00 | 0.00 | 0.00 | |
| 30 | 材料与冶金学院 | 20070213101 | 普通本科 | 200702131029 | 18.50 | 10.00 | 1.00 | 0.00 | 0.00 | |
| 31 | 材料与冶金学院 | 20070213101 | 普通本科 | 200702131030 | 19.50 | 12.50 | 1.00 | 0.00 | 0.00 | |
| 32 | 材料与冶金学院 | 20070213101 | 普通本科 | 200702131031 | 20.50 | 12.50 | 1.00 | 0.00 | 0.00 | |
| 33 | 材料与冶金学院 | 20070213101 | 普通本科 | 200702131032 | 22.50 | 10.00 | 1.00 | 0.00 | 0.00 | |
| 34 | 材料与冶金学院 | 20070213101 | 普通本科 | 200702131034 | 19.50 | 0.00 | 13.50 | 0.00 | 0.00 | |
| 35 | 材料与冶金学院 | 20070213101 | 普通本科 | 200702131035 | 20.50 | 0.00 | 13.50 | 0.00 | 0.00 | |
| 36 | 材料与冶金学院 | 20070213101 | 普通本科 | 200702131036 | 19.50 | 12.50 | 1.00 | 0.00 | 0.00 | |
| 37 | 材料与冶金学院 | 20070213101 | 普通本科 | 200702131037 | 18.50 | 12.50 | 1.00 | 0.00 | 0.00 | |
| 38 | 材料与冶金学院 | 20070213101 | 普通本科 | 200702131038 | | 0.00 | 1.00 | 0.00 | 0.00 | |

Sheet1 | 学分统计 | 学分要求 | 文法学分统计 | 差学分学生 | 课程重复清单

图 5-9 全校学生选课信息表

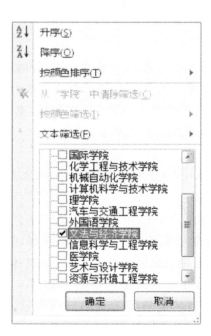

图 5-10 数据筛选窗口

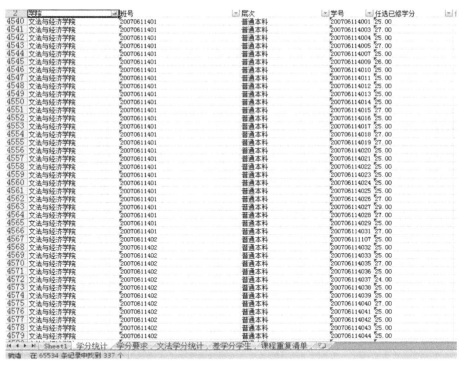

图 5-11 筛选后的数据表

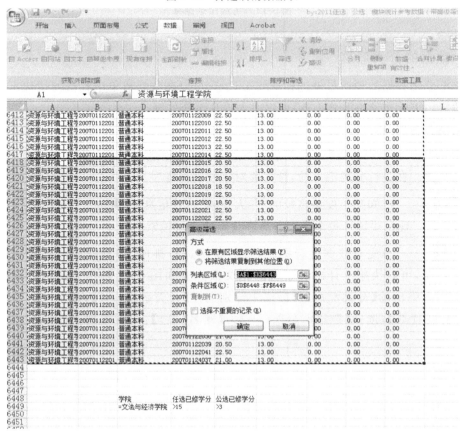

图 5-12 高级数据筛选的定义

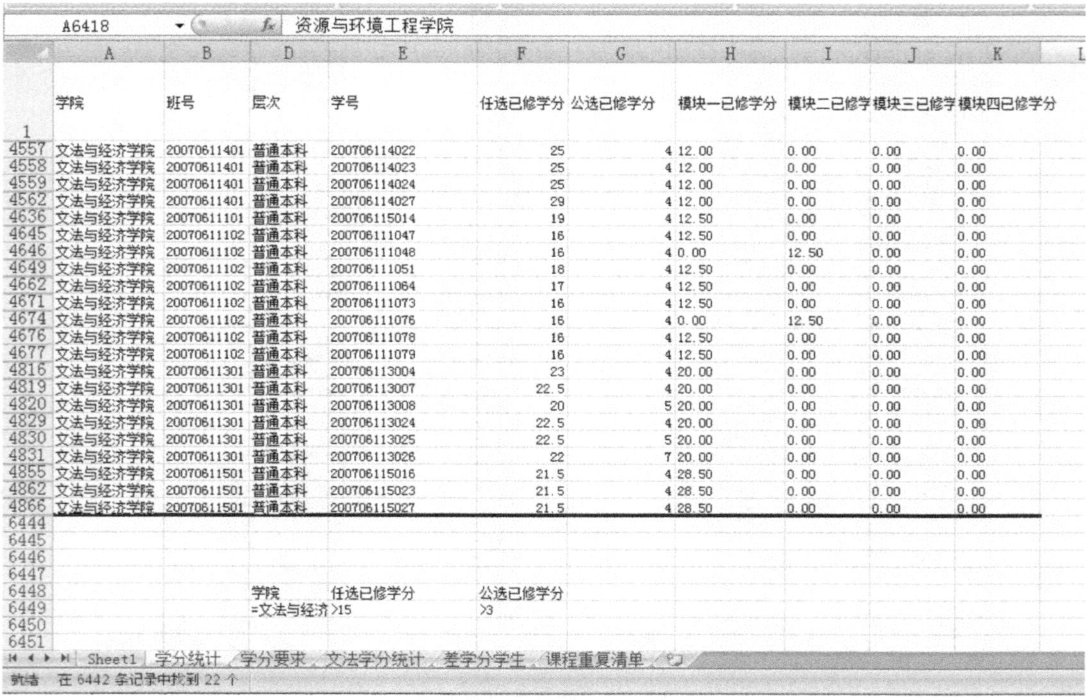

A6418 　　fx　资源与环境工程学院

| | 学院 | 班号 | 层次 | 学号 | | 任选已修学分 | 公选已修学分 | 模块一已修学分 | 模块二已修学 | 模块三已修学 | 模块四已修学分 |
|---|---|---|---|---|---|---|---|---|---|---|---|
| 4557 | 文法与经济学院 | 20070611401 | 普通本科 | 200706114022 | | 25 | 4 | 12.00 | 0.00 | 0.00 | 0.00 |
| 4558 | 文法与经济学院 | 20070611401 | 普通本科 | 200706114023 | | 25 | 4 | 12.00 | 0.00 | 0.00 | 0.00 |
| 4559 | 文法与经济学院 | 20070611401 | 普通本科 | 200706114024 | | 25 | 4 | 12.00 | 0.00 | 0.00 | 0.00 |
| 4562 | 文法与经济学院 | 20070611401 | 普通本科 | 200706114027 | | 29 | 4 | 12.00 | 0.00 | 0.00 | 0.00 |
| 4636 | 文法与经济学院 | 20070611101 | 普通本科 | 200706115014 | | 19 | 4 | 12.50 | 0.00 | 0.00 | 0.00 |
| 4645 | 文法与经济学院 | 20070611102 | 普通本科 | 200706111047 | | 16 | 4 | 12.50 | 0.00 | 0.00 | 0.00 |
| 4646 | 文法与经济学院 | 20070611102 | 普通本科 | 200706111048 | | 16 | 4 | 0.00 | 12.50 | 0.00 | 0.00 |
| 4649 | 文法与经济学院 | 20070611102 | 普通本科 | 200706111051 | | 18 | 4 | 12.50 | 0.00 | 0.00 | 0.00 |
| 4662 | 文法与经济学院 | 20070611102 | 普通本科 | 200706111064 | | 17 | 4 | 12.50 | 0.00 | 0.00 | 0.00 |
| 4671 | 文法与经济学院 | 20070611102 | 普通本科 | 200706111073 | | 16 | 4 | 12.50 | 0.00 | 0.00 | 0.00 |
| 4674 | 文法与经济学院 | 20070611102 | 普通本科 | 200706111076 | | 16 | 4 | 0.00 | 12.50 | 0.00 | 0.00 |
| 4676 | 文法与经济学院 | 20070611102 | 普通本科 | 200706111078 | | 16 | 4 | 12.50 | 0.00 | 0.00 | 0.00 |
| 4677 | 文法与经济学院 | 20070611102 | 普通本科 | 200706111079 | | 16 | 4 | 12.50 | 0.00 | 0.00 | 0.00 |
| 4816 | 文法与经济学院 | 20070611301 | 普通本科 | 200706113004 | | 23 | 4 | 20.00 | 0.00 | 0.00 | 0.00 |
| 4819 | 文法与经济学院 | 20070611301 | 普通本科 | 200706113007 | | 22.5 | 4 | 20.00 | 0.00 | 0.00 | 0.00 |
| 4820 | 文法与经济学院 | 20070611301 | 普通本科 | 200706113020 | | 20 | 5 | 20.00 | 0.00 | 0.00 | 0.00 |
| 4829 | 文法与经济学院 | 20070611301 | 普通本科 | 200706113024 | | 22.5 | 4 | 20.00 | 0.00 | 0.00 | 0.00 |
| 4830 | 文法与经济学院 | 20070611301 | 普通本科 | 200706113025 | | 22.5 | 5 | 20.00 | 0.00 | 0.00 | 0.00 |
| 4831 | 文法与经济学院 | 20070611301 | 普通本科 | 200706113026 | | 22 | 7 | 20.00 | 0.00 | 0.00 | 0.00 |
| 4855 | 文法与经济学院 | 20070611501 | 普通本科 | 200706115016 | | 21.5 | 4 | 28.00 | 0.00 | 0.00 | 0.00 |
| 4862 | 文法与经济学院 | 20070611501 | 普通本科 | 200706115023 | | 21.5 | 4 | 28.50 | 0.00 | 0.00 | 0.00 |
| 4866 | 文法与经济学院 | 20070611501 | 普通本科 | 200706115027 | | 21.5 | 4 | 28.50 | 0.00 | 0.00 | 0.00 |

| 6448 | | | | 学院 | | 任选已修学分 | 公选已修学分 |
|---|---|---|---|---|---|---|---|
| 6449 | | | | =文法与经济 | >15 | | >3 |

Sheet1　学分统计　学分要求　文法学分统计　差学分学生　课程重复清单

就绪　在 6442 条记录中找到 22 个

**图 5-13　高级筛选结果**

### 5.4.3　数据的分类汇总

分类汇总是数据处理的另外一种重要工具,它可以在数据清单中轻松便捷地汇总数据,通过灵活应用 Excel 分类汇总工具,可以大大提高工作效率。

**1. 创建分类汇总**

在 Excel 中,用户可以在【分类汇总】对话框中对数据进行分析。分类汇总分为简单汇总和高级汇总。在进行分类汇总前,首先要对字段进行排序。

**例 5-1**　　已知某年度某高校的"三大检索"统计信息,一共有 200 多篇论文被检索,如图5-14所示。现在要统计每个学院各有多少篇论文被检索。

**解**　　首先对数据进行排序,按照学院进行排序,得到排序后的表,然后利用分类汇总功能,可以快速统计出各学院的论文数量。如图 5-15 所示,选择【数据】/【分类汇总】命令,在弹出的【分类汇总】对话框中分别选择【分类字段(A)】为【学院】,选择【汇总方式(U)】为【计数】,选择【选定汇总项(D)】为【题名(英)】,即可得到统计结果,如图 5-16 所示。

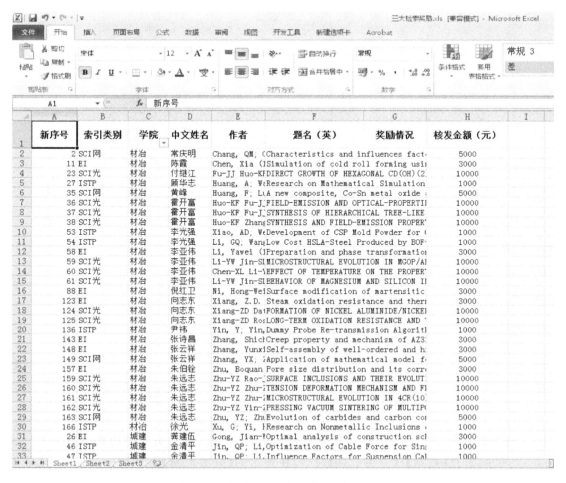

图 5-14　某高校"三大检索"统计信息表

图 5-15　统计数量的分类汇总选项

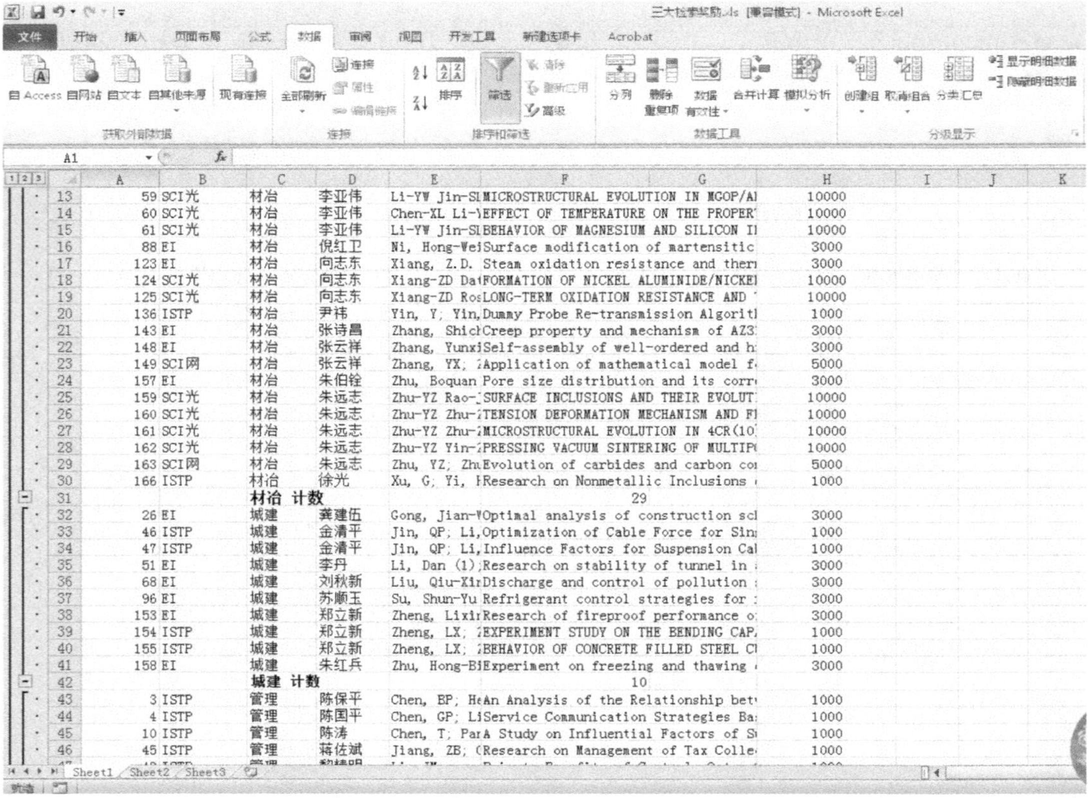

**图 5-16　分类汇总结果**

　　如果要统计每个学院获得的奖励金额情况，也可以应用该分类汇总功能快速实现。如图 5-17 所示，选择【数据】/【分类汇总】命令，在弹出的【分类汇总】对话框中分别选择【分类字段(A)】为【学院】，选择【汇总方式(U)】为【求和】，选择【选定汇总项(D)】为【核发金额（元）】，即可得到统计结果，如图 5-18 所示。

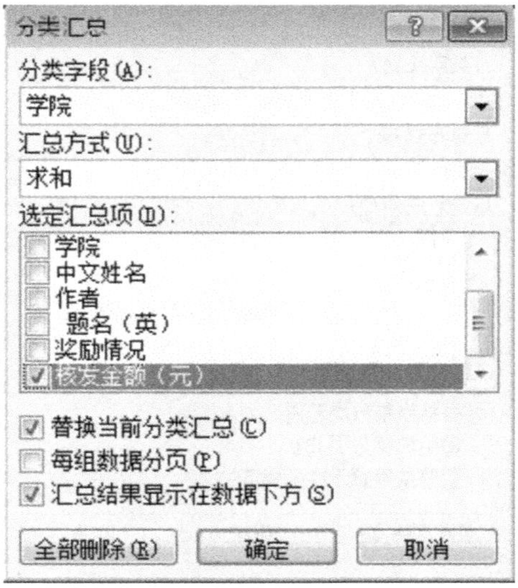

**图 5-17　统计金额的分类汇总选项**

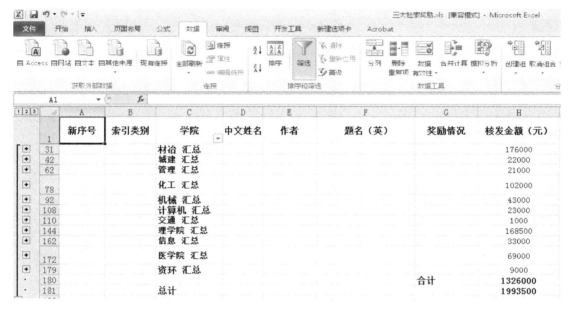

| 1 2 3 | | A | B | C | D | E | F | G | H |
|---|---|---|---|---|---|---|---|---|---|
| | 1 | 新序号 | 索引类别 | 学院 | 中文姓名 | 作者 | 题名（英） | 奖励情况 | 核发金额（元） |
| | 31 | | | 材冶 汇总 | | | | | 176000 |
| | 42 | | | 城建 汇总 | | | | | 22000 |
| | 62 | | | 管理 汇总 | | | | | 21000 |
| | 78 | | | 化工 汇总 | | | | | 102000 |
| | 92 | | | 机械 汇总 | | | | | 43000 |
| | 108 | | | 计算机 汇总 | | | | | 23000 |
| | 110 | | | 交通 汇总 | | | | | 1000 |
| | 144 | | | 理学院 汇总 | | | | | 168500 |
| | 162 | | | 信息 汇总 | | | | | 33000 |
| | 172 | | | 医学院 汇总 | | | | | 69000 |
| | 179 | | | 资环 汇总 | | | | | 9000 |
| | 180 | | | | | | | 合计 | 1326000 |
| | 181 | | | 总计 | | | | | 1993500 |

图 5-18　按学院统计核发金额的分类汇总结果

**2. 嵌套分类汇总**

对数据表中两列或两列以上的数据进行分类汇总就是嵌套分类汇总。

同样针对例 5-1，要统计多项数据的时候，就是嵌套分类汇总的应用了。如果要一次统计出各个学院的论文数量和各学院奖励的核发金额总和，可以先对表格添加一列【论文数量】数据，在其中输入【1】，然后按照如下操作步骤。如图 5-19 所示，选择【数据】/【分类汇总】命令，在弹出的【分类汇总】对话框中分别选择【分类字段（A）】为【学院】，选择【汇总方式（U）】为【求和】，选择【选定汇总项（D）】为【论文数量】和【核发金额（元）】，即可得到统计结果，如图 5-20 所示。

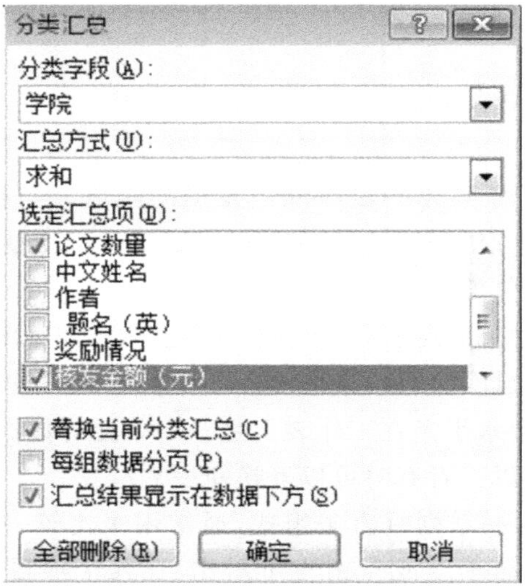

图 5-19　按学院统计论文数量和核发金额的分类汇总选项

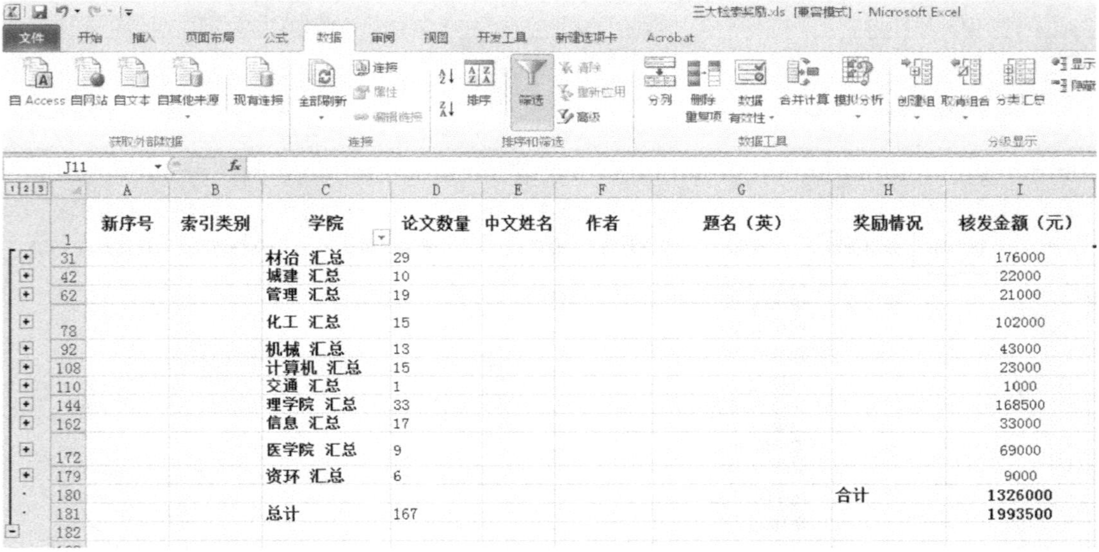

**图 5-20　按学院统计论文数量和核发金额的分类汇总结果**

**3.删除分类汇总**

如果不需要分类汇总,可以将汇总删除(注意:删除汇总并不是删除数据),以还原到最原始的数据表。选择【数据】/【分类汇总】命令,在弹出的【分类汇总】对话框中点击【全部删除(R)】按钮即可快速删除分类汇总的结果。

## 5.4.4　数据图表

图表有良好的视觉效果,能够帮助用户直观地进行数据分析。Excel 提供了包括柱形图、折线图、饼形图、条形图、曲面图等 14 种图表类型,这些图表类型都分别具有各自不同的表现特点,用户可以在工作表中创建数据图表,可以方便用户查看数据的差异和预测趋势,实际应用中应注意操作步骤和灵活运用,下面对 Excel 中常用的图表类型分别进行介绍。

> **注意**:应特别关注自定义图表的建立,学会选择数据区域、建立序列、分类标识等。

(1)面积图　面积图用于显示一段时间内变动的幅值。当有几个部分正在变动,而用户对那些部分的总和感兴趣时,面积图就特别有用了。面积图使用户能够观察单独各部分的变动,同时也能够观察总体的变化。

(2)条形图　条形图由一系列水平条组成,这使得相对于时间轴上的某一点,两个或多个项目的相对尺寸具有可比性。例如:条形图可以比较每个季度、三种产品中任意一种的销售数量。条形图中的每一个水平条在工作表上是一个单独的数据点或数。因为它与柱形图的行和列刚好是相反的,所以二者有时可以互换使用。

(3)柱形图　柱形图由一系列垂直条组成,通常用来比较一段时间中两个或多个项目的相对尺寸。例如:不同产品季度或年销售量对比、在几个项目中不同部门的经费分配情况、每年各类资料的数目等。柱形图是应用较广的图表类型,很多人使用图表都是从它开始的。

（4）折线图　折线图用于显示一段时间内的趋势。例如：数据在一段时间内是呈增长趋势的，另一段时间内处于下降趋势，我们可以通过折线图，对将来做出预测。又例如：速度-时间曲线、推力-耗油量曲线、升力系数-马赫数曲线、压力-温度曲线、疲劳强度-转数曲线、传输功率代价-传输距离曲线等，都可以利用折线图来表示。一般折线图在工程上应用较多，若是其中一个数据有几种情况，折线图中就对应有几条不同的线，如五名运动员在万米长跑过程中的速度变化，就有五条折线，可以互相对比，也可以对其添加趋势线来对速度进行预测。

（5）股价图　股价图是具有三个数据序列的折线图，最常用于显示一段给定时间内一种股票的最高价、最低价和收盘价。通过在最高、最低数据点之间画线形成垂直线条，而轴上的小刻度代表收盘价。股价图多用于金融、商贸等行业，用于描述商品价格、货币兑换率和温度、压力等，当然用其对股价进行描述是最合适的了。

（6）饼形图　饼形图在用于对比几个数据在其形成的总和中所占百分比值时最有用。整个饼代表总和，每一个数用一个楔形或薄片来表示。例如：饼形图可以表示不同产品的销售量占总销售量的百分比、各单位的经费占总经费的比例、收集的藏书中每一类占多少等。饼形图虽然只能表达一个数据列的情况，但因为其表达清楚明了，又易学好用，所以在实际工作中使用得比较多。如果想表示多个系列的数据时，可以用环形图。

（7）雷达图　雷达图用于显示数据如何按中心点或其他数据变动。每个类别的坐标值从中心点辐射，来源于同一序列的数据与线条相连。用户可以采用雷达图来绘制几个内部关联的序列，很容易进行可视化的对比。例如：有三台具有五个相同部件的机器，在雷达图上就可以绘制出每一台机器上每一部件的磨损量。

（8）XY 散点图　XY 散点图用于展示成对的数和它们所代表的趋势之间的关系。对于每一个数对，其中一个数绘制于 X 轴上，而另一个绘制于 Y 轴上。过两点作轴垂线，相交处在图表上有一个标记。当大量的这种数对绘制完后，将会出现一个图形。XY 散点图的重要作用是可以用来绘制函数曲线，从简单的三角函数、指数函数、对数函数到更复杂的混合型函数，都可以利用它快速准确地绘制出曲线，所以其在教学、科学计算中会经常用到。

还有其他一些类型的图表，如圆柱图、圆锥图、棱锥图等，它们只是条形图和柱形图变化而来的，没有突出的特点，而且使用得相对较少，这里就不一一赘述了。

> 说明：以上只是图表的一般应用情况，有时一组数据，可以用多种图表来表现，那时就要根据具体情况进行选择。例如，有些图表，一个数据序列绘制成柱形图，而另一个数据序列绘制成折线图或面积图，则该图表会更易于理解。

**例 5-2**　我们还经常可以见到这样的饼形图：将占总量比较少的部分单独拿出来做一个小饼形图以便观察得更清楚。其方法为：在【插入】选项区中直接选择饼形图下拉菜单，选择相应的效果即可，如图 5-21 所示。

**例 5-3**　已知某生物实验要验证某动物雄性和雌性对不同波长的光的反应值，现已得到实验数据，如图 5-22 所示。第一列为光的波长（wavelength），数据从 200～800，每增加 10 个单位测试雄性和雌性对该波长光的反应值，第二列为该雌性动物对该波长的光的反应值（female-intensity），第三列为该雄性动物对该波长的光的反应值（male-intensity）。如何使用折线图来显示实验结果，让结果更直观。

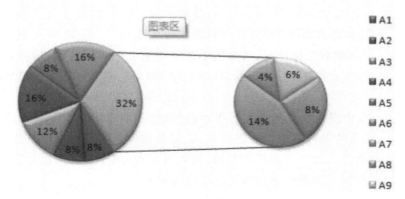

图 5-21　饼形图中再创建小饼形图

| | A | B | C |
|---|---|---|---|
| 1 | wavelength | female-intensity | male-intensity |
| 2 | 200 | 11.42595852 | 0 |
| 3 | 210 | 6.550856296 | 15.06650222 |
| 4 | 220 | 9.676568889 | 2.195847407 |
| 5 | 230 | 8.106060741 | 30.35698519 |
| 6 | 240 | 6.374308148 | 29.72178667 |
| 7 | 250 | 2.59448 | 4.497885926 |
| 8 | 260 | 4.408435556 | 11.91345481 |
| 9 | 270 | 4.915452857 | 11.12863 |
| 10 | 280 | 5.427152593 | 10.64049481 |
| 11 | 290 | 6.038548148 | 12.74877333 |
| 12 | 300 | 6.285475714 | 15.02824571 |
| 13 | 310 | 6.370008889 | 15.76710519 |
| 14 | 320 | 6.706141429 | 16.43001429 |
| 15 | 330 | 6.712865185 | 16.94032 |
| 16 | 340 | 7.072848571 | 18.05242429 |
| 17 | 350 | 7.460118571 | 19.84094 |
| 18 | 360 | 7.387531429 | 21.70318286 |
| 19 | 370 | 7.044013333 | 23.54280148 |
| 20 | 380 | 6.745515714 | 25.65518 |
| 21 | 390 | 6.611145714 | 27.50956143 |
| 22 | 400 | 6.827249655 | 29.45684552 |

图 5-22　某生物实验数据（wavelength＞400 的数据未显示）

**解**　选择该 Excel 的数据区域后，选择【插入】/【折线图】命令，得到如图 5-23 所示的折线图，该图无法达到数据分析的目的。这个时候，在折线图上右击，在弹出的快捷菜单中选择【选择数据（E）…】命令，弹出【选择数据源】对话框，如图 5-24 所示。【图例项（系列）（S）】栏中有 wavelength、female-intensity、male-intensity 三个序列，删除 wavelength 后，折线图的基本轮廓就出来了，但是【水平（分类）轴标签（C）】中的数据不对，题目要求是从 200～800 的数据。选择【编辑（T）】按钮，手动选择第一个 wavelength 序列中的数据为 200～800，然后【水平（分类）轴标签（C）】中的数据就会显示为如图5-25所示的形式。按照上述操作步骤，再进行一些小的调整，即可得到如图 5-26 所示的折线图。

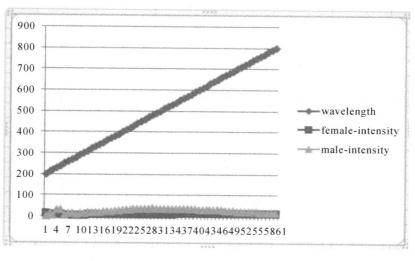

图 5-23　利用插入折线图得到的错误折线图

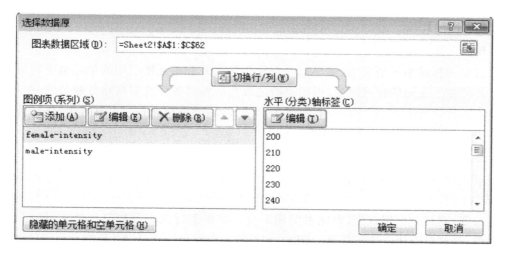

图 5-24　【选择数据源】对话框

图 5-25　编辑【水平（分类）轴标签(C)】中的数据

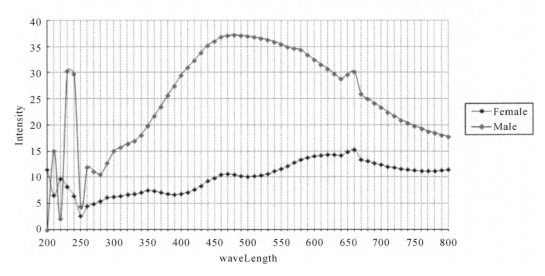

*Phintella bifurcilinea*_Female_Male  Abdomen

图 5-26　某生物实验数据折线图

## *5.5*　Excel 中的引用

### 5.5.1　绝对引用和相对引用

随着公式的位置变化,所引用单元格位置也随之变化的是相对引用;而随着公式位置的变化,所引用单元格位置不随之变化的就是绝对引用。

**1. 绝对引用**

公式中的绝对单元格引用(如【MYMFMYM6】)总是在指定位置引用单元格 F6。即使公式所在单元格的位置改变,绝对引用的单元格始终保持不变。如果多行或多列地复制公式,绝对引用将不会调整。默认情况下,新公式使用相对引用,需要将它们转换为绝对引用。例如,如果将单元格 B2 中的绝对引用复制到单元格 B3,则在两个单元格中都是【MYMFMYM6】。

**2. 相对引用**

公式中的相对单元格引用(如 A1)是基于包含公式和单元格引用的单元格的相对位置。如果公式所在单元格的位置改变,引用也随之改变。如果多行或多列地复制公式,引用会自动调整。默认情况下,新公式使用相对引用。例如,如果将单元格 B2 中的相对引用复制到单元格 B3,将自动从【＝A1】调整到【＝A2】。

**3. 混合引用**

混合引用具有绝对列和相对行,或是绝对行和相对列。绝对引用列采用【MYMA1】、【MYMB1】等形式。绝对引用行采用【AMYM1】、【BMYM1】等形式。如果公式所在单元格的位置改变,则相对引用改变,而绝对引用不变。如果多行或多列地复制公式,则相对引用自动调整,而绝对引用不进行调整。例如,如果将一个混合引用从 A2 复制到 B3,它将从【＝AMYM1】调整到【＝BMYM1】,因为行被锁定了不能变化,列增加了 1,所以由 A 变为 B。

下面通过实例,比较一下【C4】、【MYMC4】、【CMYM4】和【MYMCMYM4】之间的区别。

如图 5-27 所示,在一个工作表中,在 C4、C5 中的数据分别是 20、30。如果在 D4 单元格中输入【=C4】,那么将 D4 向下拖动到 D5 时,D5 中的内容就变成了 30,单元格中的公式是【=C5】,将 D4 向右拖动到 E4,E4 中的内容是 20,单元格中的公式变成了【=D4】。

**图 5-27 演示绝对引用和相对引用的工作表**

如果在 D4 单元格中输入【=MYMC4】,将 D4 向右拖动到 E4,E4 中的公式还是【=MYMC4】,而向下拖动到 D5 时,D5 中的公式就成了【=MYMC5】,如图 5-28 所示。

**图 5-28 利用前半部分绝对引用符号后的工作表**

如果在 D4 单元格中输入【=CMYM4】,那么将 D4 向右拖动到 E4 时,E4 中的公式变为【=DMYM4】,而将 D4 向下拖动到 D5 时,D5 中的公式还是【=CMYM4】,如图 5-29 所示。

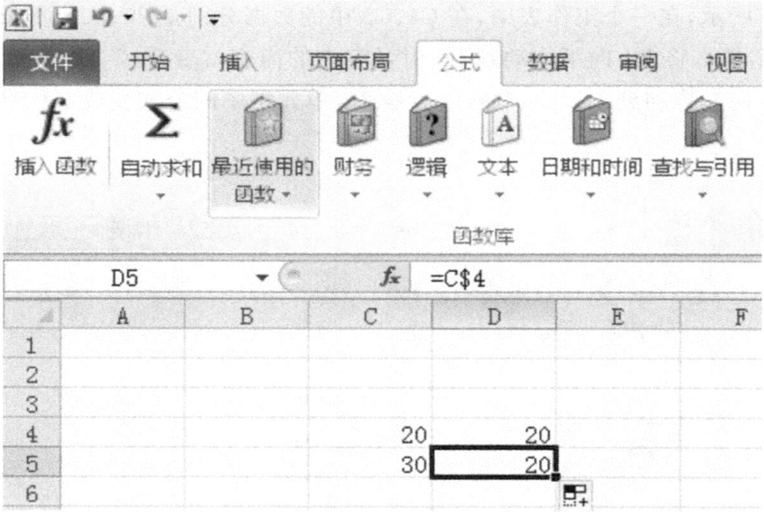

**图 5-29　利用后半部分绝对引用后的工作表**

如果在 D4 单元格中输入【＝MYMCMYM4】,那么不论将 D4 向哪个方向拖动,自动填充的公式都是【＝MYMCMYM4】。行或列字符前加上了【MYM】,则在进行拖动时就不变。如果行或列字符前都加上了【MYM】,在拖动时两个位置都不能变,如图 5-30 所示。

**图 5-30　利用行和列双绝对引用后的工作表**

### 5.5.2　跨工作表的引用

如图 5-31 所示,工资条工作表中的 B6 单元格的数据是来源于另外一个工作表的 B9 单元格(B6【＝员工工资表! B9】),我们称之为跨工作表的引用,跨工作表的引用对于数据来源的唯一性进行了规定,引用区域的数据会随着被引用区域的数据变化而变化,这对于在很多场合中需要多次引用数据而又要保证数据修改后一致的问题提供了一个较好的解决方案。

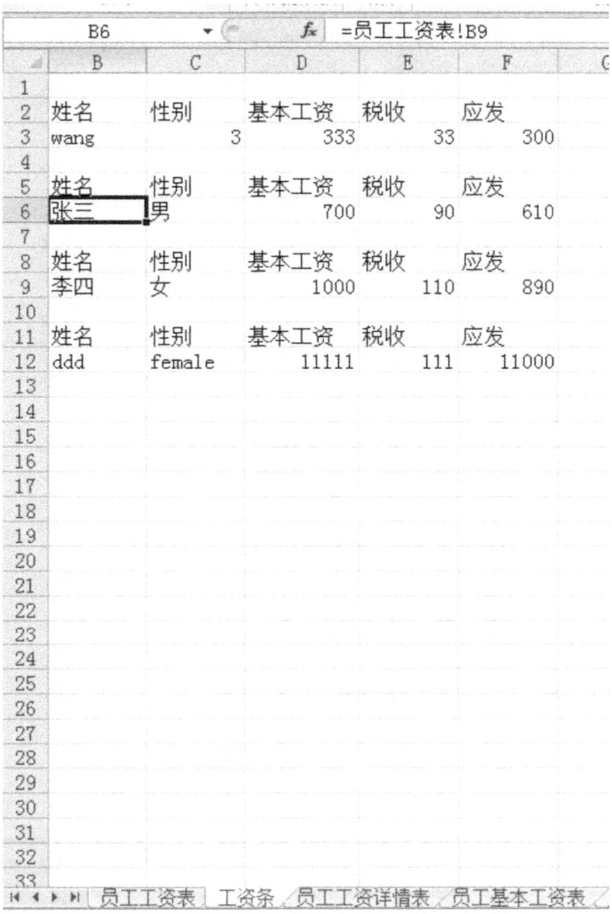
B6 =员工工资表!B9

| | B | C | D | E | F |
|---|---|---|---|---|---|
| 1 | | | | | |
| 2 | 姓名 | 性别 | 基本工资 | 税收 | 应发 |
| 3 | wang | 3 | 333 | 33 | 300 |
| 4 | | | | | |
| 5 | 姓名 | 性别 | 基本工资 | 税收 | 应发 |
| 6 | 张三 | 男 | 700 | 90 | 610 |
| 7 | | | | | |
| 8 | 姓名 | 性别 | 基本工资 | 税收 | 应发 |
| 9 | 李四 | 女 | 1000 | 110 | 890 |
| 10 | | | | | |
| 11 | 姓名 | 性别 | 基本工资 | 税收 | 应发 |
| 12 | ddd | female | 11111 | 111 | 11000 |

员工工资表 工资条 员工工资详情表 员工基本工资表

**图 5-31　某单位工资条工作表**

## 5.6　条件格式

使用 Excel 中的条件格式功能，可以预置一种单元格格式，并在指定的某种条件被满足时自动应用于目标单元格。可以预置的单元格格式包括边框、底纹、字体颜色等。此功能可以根据用户的要求，快速对特定单元格进行必要的标识，以起到突出显示的作用。

**例 5-4**　如图 5-32 所示的产品销售表，需要在其中快速找出所有与“防水键盘”相关的销售数据。

**解**　首先全选所有数据，然后选择【开始】/【条件格式】/【突出显示单元格规则(H)】/【等于(E)…】命令，如图 5-33 所示。

在弹出的【等于】对话框中输入想要查找的【防水键盘】，然后设置单元格显示样式，如让单元格以【浅红填充色深红色文本】显示，设置完毕后，点击【确定】按钮，如图 5-34 所示。

在点击【确定】按钮后，数据表中就已经显示出防水键盘相关的所有信息，这样我们就可以快速查看我们所关心的信息了，如图 5-35 所示。

| 日期 | 项目 | 销售额 | 成本核算 |
|---|---|---|---|
| 2006/6/1 | 微软无线鼠标 迅雷鲨6000 | 10025 | 8832 |
| 2006/6/2 | 微软光电鼠标 | 4403 | 4403 |
| 2006/6/3 | 微软激光鼠标 暴雷鲨6000 | 9560 | 9560 |
| 2006/6/4 | 人体工学键盘 | 5227 | 5227 |
| 2006/6/5 | 防水键盘 | 7869 | 7869 |
| 2006/6/6 | 立体声蓝牙耳机 H820 | 5550 | 5550 |
| 2006/6/7 | 蓝牙耳机 A400 | 7367 | 7367 |
| 2006/6/8 | 防水键盘 | 3711 | 3711 |
| 2006/6/9 | 防水键盘 | 7500 | 6928 |
| 2006/6/10 | 无线人体工学键盘 | 5906 | 5906 |
| 2006/6/11 | 微软无线鼠标 迅雷鲨6000 | 8057 | 8057 |
| 2006/6/12 | 微软激光鼠标 暴雷鲨6000 | 1683 | 1683 |
| 2006/6/13 | 微软光电鼠标 | 6605 | 6605 |
| 2006/6/14 | 立体声蓝牙耳机 H820 | 4957 | 4957 |
| 2006/6/15 | 微软无线鼠标 迅雷鲨6000 | 6500 | 5012 |
| 2006/6/16 | 微软激光鼠标 暴雷鲨6000 | 5282 | 5282 |
| 2006/6/17 | 微软无线鼠标 迅雷鲨6000 | 6925 | 6525 |
| 2006/6/18 | 立体声蓝牙耳机 H820 | 4434 | 4434 |
| 2006/6/19 | 人体工学键盘 | 3643 | 3643 |
| 2006/6/20 | 微软激光鼠标 暴雷鲨6000 | 3284 | 3284 |
| 2006/6/21 | 蓝牙耳机 A400 | 2623 | 2623 |
| 2006/6/22 | 人体工学键盘 | 3739 | 3960 |
| 2006/6/23 | 无线人体工学键盘 | 5594 | 5594 |
| 2006/6/24 | 微软光电鼠标 | 235 | 235 |
| 2006/6/25 | 微软光电鼠标 | 3525 | 3525 |
| 2006/6/26 | 无线人体工学键盘 | 189 | 298 |

图 5-32 产品销售表

图 5-33 条件格式引用

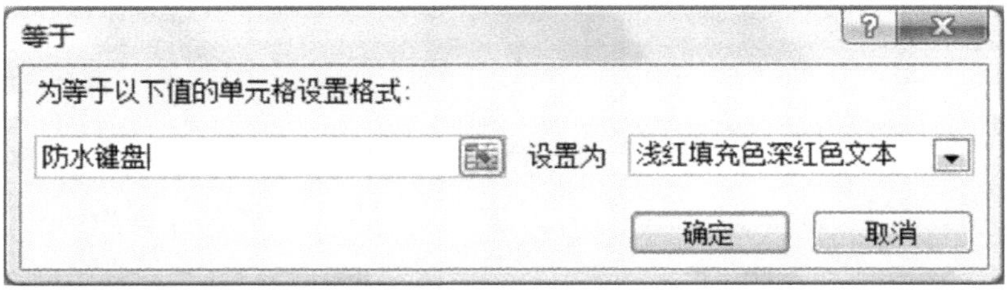

图 5-34 设置条件格式

图 5-35 条件格式显示结果

在 Excel 2010 中,使用条件格式不仅可以快速查找相关数据,还可以以数据条、色阶、图标的方式显示数据,让用户可以对数据一目了然。

**例 5-5** 在实际应用中,我们经常有这样的需求,输入的不同大小的数据如果能用不同的颜色进行区分就再好不过了。如图 5-36 所示的例子就是典型的条件格式的应用,只需要利用条件格式,输入相关规则即可快速实现。

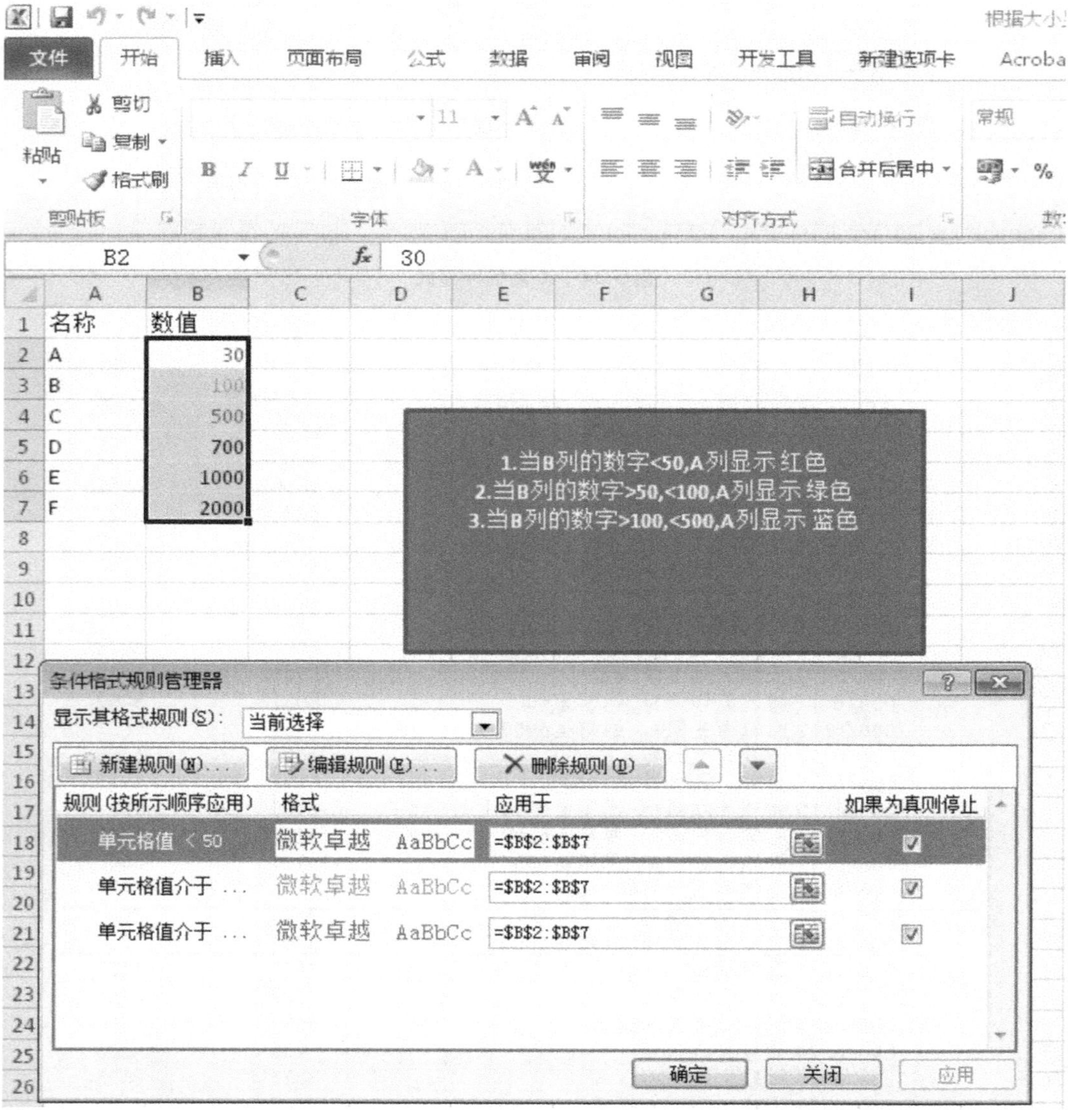

图 5-36　条件格式应用显示不同颜色

## 5.7　拆分和冻结窗口

**1. 拆分窗口**

可以选择【视图】/【拆分】按钮来拆分窗口。而如果只需要垂直拆分，可以直接拖动垂直滚动条到最顶端·此时横向拆分线就会消失，如图 5-37 所示。

若要撤销窗口的拆分则再次选择【视图】/【拆分】按钮即可。

**2. 冻结窗格**

可以使用冻结窗格来更好的查看数据表头，让表头始终显示在我们面前。首先选中一个单元格，选择【视图】/【冻结窗格】，在下拉菜单中我们可以选择冻结首行或冻结首列，当然我们也可以自行选择想要冻结的位置，如图 5-38 所示。

| F | G | H | C | D | E | F | G |
|---|---|---|---|---|---|---|---|
| 数量 | 折扣 | 成交金额 | 产品名称 | 成本 | 单价 | 数量 | 折扣 |
| 20 | 0.19 | 2916 | 键盘 | 135 | 180 | 20 | 0.19 |
| 20 | 0.14 | 1857.6 | 蓝牙适配器 | 81 | 108 | 20 | 0.14 |
| 95 | 0.25 | 7695 | 蓝牙适配器 | 81 | 108 | 95 | 0.25 |
| 18 | 0.07 | 3180.6 | 手写板 | 142.5 | 190 | 18 | 0.07 |
| 15 | 0.15 | 3812.25 | 鼠标 | 224.25 | 299 | 15 | 0.15 |
| 7 | 0.15 | 1725.5 | SD存储卡 | 217.5 | 290 | 7 | 0.15 |
| 30 | 0.01 | 8613 | SD存储卡 | 217.5 | 290 | 30 | 0.01 |
| 56 | 0.15 | 14232.4 | 鼠标 | 224.25 | 299 | 56 | 0.15 |
| 77 | 0.02 | 13431.88 | 无线网卡 | 133.5 | 178 | 77 | 0.02 |

图 5-37　拆分窗口

| | A | B | C | D | E | F | G | H |
|---|---|---|---|---|---|---|---|---|
| 1 | 财季 | 销售城市 | 产品名称 | 成本 | 单价 | 数量 | 折扣 | 成交金额 |
| 2 | Q1 | 北京 | 键盘 | 135 | 180 | 20 | 0.19 | 2916 |
| 3 | Q1 | 北京 | 蓝牙适配器 | 81 | 108 | 20 | 0.14 | 1857.6 |
| 4 | Q2 | 北京 | 蓝牙适配器 | 81 | 108 | 95 | 0.25 | 7695 |
| 5 | Q2 | 北京 | 手写板 | 142.5 | 190 | 18 | 0.07 | 3180.6 |
| 6 | Q2 | 北京 | 鼠标 | 224.25 | 299 | 15 | 0.15 | 3812.25 |
| 7 | Q3 | 北京 | SD存储卡 | 217.5 | 290 | 7 | 0.15 | 1725.5 |
| 8 | Q4 | 北京 | SD存储卡 | 217.5 | 290 | 30 | 0.01 | 8613 |
| 9 | Q3 | 上海 | 鼠标 | 224.25 | 299 | 56 | 0.15 | 14232.4 |
| 10 | Q3 | 上海 | 无线网卡 | 133.5 | 178 | 77 | 0.02 | 13431.88 |
| 11 | Q4 | 上海 | 鼠标 | 224.25 | 299 | 12 | 0.05 | 3408.6 |
| 12 | Q4 | 上海 | 无线网卡 | 133.5 | 178 | 50 | 0.11 | 7921 |
| 13 | Q1 | 天津 | 麦克风 | 74.25 | 99 | 4 | 0.3 | 277.2 |
| 14 | Q2 | 天津 | DVD光驱 | 180 | 240 | 10 | 0.13 | 2088 |
| 15 | Q2 | 天津 | DVD光驱 | 180 | 240 | 20 | 0.04 | 4608 |
| 16 | Q2 | 天津 | 键盘 | 135 | 180 | 15 | 0.18 | 2214 |
| 17 | Q2 | 天津 | 麦克风 | 74.25 | 99 | 62 | 0.15 | 5217.3 |
| 18 | Q2 | 天津 | 手写板 | 142.5 | 190 | 42 | 0.21 | 6304.2 |

图 5-38　冻结窗口

如果我们想要冻结第一行以及 A、B 两列，此时我们需要将光标放在第一行的下面，并且 A、B 两列的右侧，即 C2 单元格，此时选择【视图】/【冻结窗格】/【冻结拆分窗格（F）】即可冻结第一行以及 A、B 两列。

## 5.8　分页预览

实际应用中，我们经常碰到一种情况，即 Excel 中的数据量较大，如果打印的话无法预测具体的页数，或者要标识某个数据的页码时，可以选择【视图】/【分页预览】功能，如图 5-39 所示，分页预览后背景自动加上了页码信息，此页码信息打印是不会显示出来的。如果要撤销分页预览功能，选择【视图】/【普通】即可。

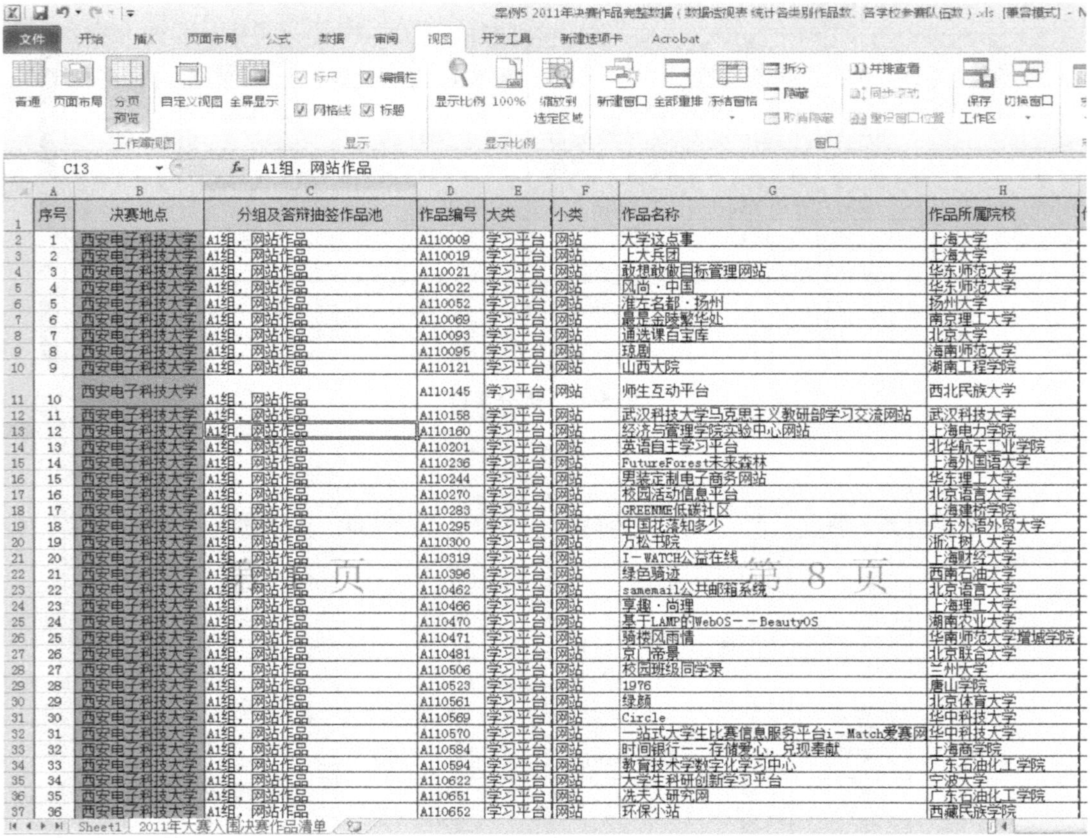

图 5-39　分页预览后的效果图

## 5.9　数据有效性

使用 Excel 的数据有效性功能,可以对输入单元格的数据进行必要的限制,并根据用户的设置,禁止数据输入或让用户选择是否继续输入该数据。

例如,在一个员工报销单中,用户只能在日期中输入 2018 年 6 月到 12 月的日期、报销类型中只能进行选择规定的类型、发票号码只能输入 10 位数等。

**例 5-6**　对员工报销单中的数据进行有效性设置。

**解**　首先确定要设置的单元格,比如我们想要对【日期】列进行设置,点击【日期】列中任意单元格,选择【数据】/【有效性】按钮,弹出【数据有效性】对话框,在【设置】选项卡中的【允许(A)】下拉菜单中选择【日期】,在【数据(D)】下拉菜单中选择【介于】,在【开始日期(S)】和【结束日期(N)】中分别输入【2018-06-01】和【2018-12-31】,如图 5-40 所示。

然后选择【输入信息】选项卡,在【标题(T)】栏和【输入信息(I)】栏中分别输入【请输入日期】和【输入日期范围:2018-06-01 至 2018-12-31】。最后选择【出错警告】选项卡,同样在【标题(T)】栏和【错误信息(E)】栏中输入【输入错误】和【输入日期范围:2018-06-01 至 2008-12-31】。在输入完信息后,点击【确定】按钮。此时我们返回数据表,点击单元格就可以看到我们所设置的结果,这样该单元格中输入的信息必须满足这个日期范围,否则就会弹出警示错误信息。

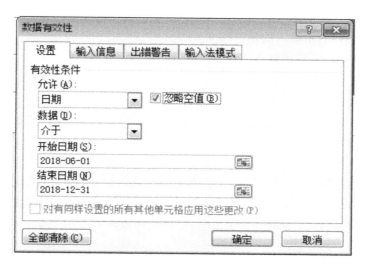

图 5-40　日期的数据有效性设置

除了可以对单元格进行日期的设置外,我们还可以对单元格进行序列的设置,让用户在单元格中对所有信息进行挑选。同样,选择【数据】/【有效性】按钮,在弹出的【数据有效性】对话框的【设置】选项卡的【允许(A)】下拉菜单中选择【序列】,在【来源】中输入所选信息,如住宿、交通费、其他等。按上述相同的方法设置完【输入信息】选项卡和【出错警告】选项卡后,点击【确定】按钮即可。点击单元格,会出现下拉箭头,点击下拉箭头之后,我们就可以对单元格中的数据进行选择了。

# 习　题　5

## 一、选择题

1. 在 Excel 2010 的单元格中,如果显示一串♯♯♯♯,则表示(　　　)。

A. 数字输入出错

B. 数字输入不符合单元格当前格式设置

C. 公式输入出错

D. 输入数字的单元格宽度过小

2. 在 Excel 2010 中,当单元格中出现♯N/A 时,则表示(　　　)。

A. 公式中有 Excel 不能识别的文本

B. 公式或函数使用了无效数字值

C. 引用的单元格无效

D. 公式中无可用的数据或缺少函数参数

3. 在 Excel 2010 中,工作表第 D 列第 4 行交叉位置处的单元格,其绝对单元格地址应是(　　　)。

A. D4　　　　　　　B. MYMD4　　　　　　　C. MYMDMYM4　　　　　D. DMYM4

4. 在 Excel 2010 中,进行自动分类汇总前,必须对分类字段进行(　　)。

A. 筛选　　　　　B. 有效计算　　　　　C. 建立数据库　　　　D. 排序

5. 在 Excel 2003 中,下面输入数字的叙述不正确的是(　　)。

A. 输入"01/3"表示输入的是三分之一

B. 输入“(4578)”表示输入的是＋4578

C. 输入“(5369)”表示输入的是－5369

D. 输入“1,234,456”表示输入的是 1234456

**二、操作题**

1. 按要求完成下列操作。

(1) 请将如图 5-41 所示的数据建成一个数据表(存放在 A1：E5 的区域内)，并求出个人工资的浮动额以及原来工资和浮动额的“总计”(保留小数点后面两位)，其计算公式是：浮动额＝原来工资×浮动率，其数据表保存在 sheet1 工作表中。

(2) 对建立的数据表，选择“姓名”、“原来工资”，建立簇状柱形圆柱图图表，图表标题为“职工工资浮动额的情况”，设置分类(X)轴为“姓名”，数值(Z)轴为“原来工资”，嵌入在工作表 A7：F17 区域中。将工作表 sheet1 更名为“浮动额情况表”。

| | A | B | C | D | E |
|---|---|---|---|---|---|
| 1 | 序号 | 姓名 | 原来工资 | 浮动率 | 浮动额 |
| 2 | 1 | 陈红 | 1200 | 0.5% | |
| 3 | 2 | 张东 | 800 | 1.5% | |
| 4 | 3 | 朱平 | 2500 | 1.2% | |
| 5 | 总计 | | | | |

**图 5-41 数据表**

2. 已知某单位资金到位情况如图 5-42 所示，请制作实际资金到位率的饼图，并修饰图表达到如图 5-43 所示的效果。

| | A | B | C | D |
|---|---|---|---|---|
| 1 | 各资金到位情况 | | | |
| 2 | 项目 | 计划到位数 | 实际到位数 | 实际到位率(%) |
| 3 | 预算拨款 | 200 | 160 | 80 |
| 4 | 基金拨款 | 200 | 180 | 90 |
| 5 | 资本金拨款 | 100 | 40 | 40 |
| 6 | 设备拨款 | 100 | 70 | 70 |
| 7 | 办公拨款 | 200 | 140 | 70 |
| 8 | 其他拨款 | 1400 | 1120 | 80 |

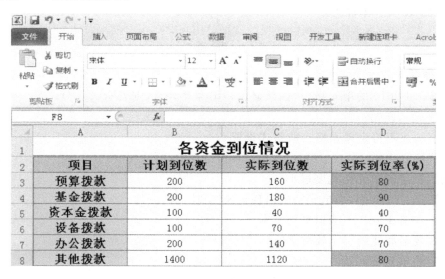

**图 5-42 某单位资金到位情况**

3. 已知某品牌电脑销售一年后的维修调查数据，请制作如图 5-44 所示的笔记本电脑情况调查表，并修饰图表达到如图 5-44 所示的效果。

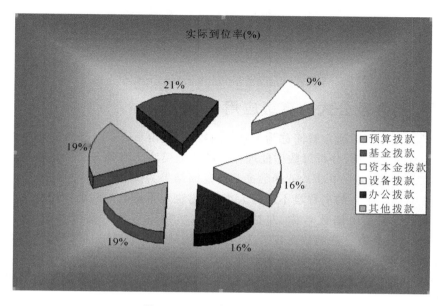

图 5-43    实际资金到位率饼图

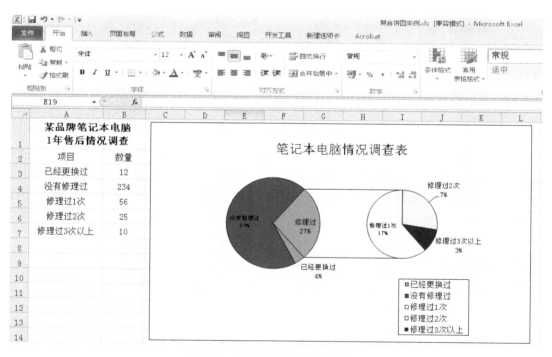

图 5-44    笔记本情况调查表及饼图

# 第6章 Excel 2010 高级应用

## 6.1 函数及公式的高级应用

Excel 的工作表函数通常被简称为 Excel 函数,它是由 Excel 内部预先定义并按照特定的顺序、结构来执行计算、分析等数据处理任务的功能模块。因此,Excel 函数也常被人们称为"特殊公式"。与公式一样,Excel 函数的最终返回结果为值。

Excel 函数只有唯一的名称且不区分大小写,它决定了函数的功能和用途。

Excel 函数通常是由函数名称、左括号、参数、半角逗号和右括号构成,如 SUM(A1:A10,B1:B10)。另外有一些函数比较特殊,它仅由函数名和成对的括号构成,因为这类函数没有参数,如 NOW()函数、RAND()函数等。

在 Excel 2010 中的【公式】选项区中有很多函数的类型,当我们需要使用函数输入的时候,可以从中进行选择,如图 6-1 所示。

**图 6-1 Excel 中的【公式】选项区**

除了可以用函数来解决计数问题外,还可以自己定义计数的过程,称之为公式,公式中可以包含函数,其应用更加灵活。公式是由用户自定设计并结合常量数据、单元格引用、运算符等元素进行数据处理和计算的算式。用户使用公式是为了有目的地计算结果,因此 Excel 的公式必须(且只能)返回值。下面的表达式就是一个简单的公式实例:【=(C2+D3)*5】

### 6.1.1 RANK 函数

RANK 函数最常用的是求某一个数值在某一区域内的排名。

该函数的语法规则如下。

```
RANK (number,ref,[order])
```

函数中各参数的含义为:【number】为需要求排名的那个数值或者单元格名称(单元格内必须为数字);【ref】为排名的参照数值区域;【order】的值为 0 和 1,默认不用输入,得出的就是按从大到小顺序的排名,若是想求倒数第几,应使 order 的值为 1。

例如,对图 6-2 中的学生按总分从高到低的顺序生成排名,这个时候用 RANK 函数会非常方便,H3 中输入的函数为【=RANK(G3,MYMGMYM3:MYMGMYM8)】。

> **注意:**第一个参数采用相对引用,不需要固定,第二个参数要用到绝对引用,应把所在区域锁定,这样下拉才不会出现问题。

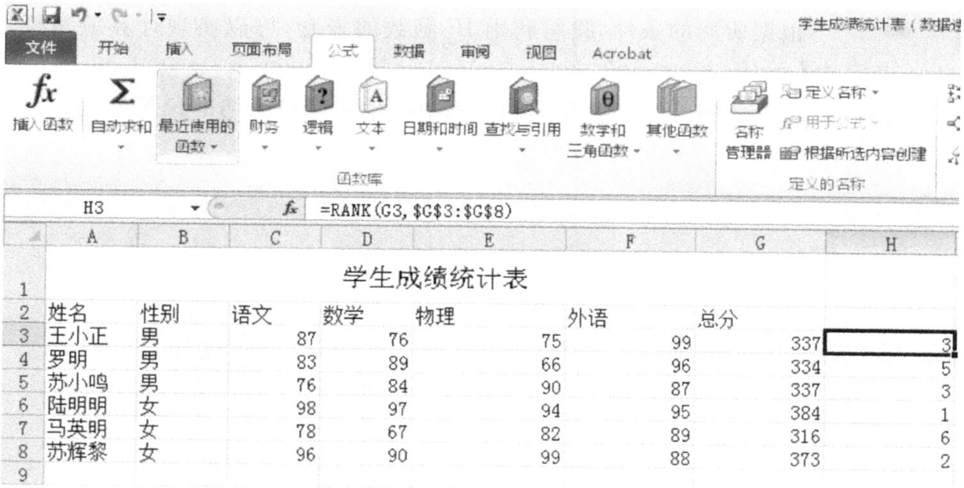


| | A | B | C | D | E | F | G | H |
|---|---|---|---|---|---|---|---|---|
| 1 | 学生成绩统计表 | | | | | | | |
| 2 | 姓名 | 性别 | 语文 | 数学 | 物理 | 外语 | 总分 | |
| 3 | 王小正 | 男 | 87 | 76 | 75 | 99 | 337 | 3 |
| 4 | 罗明 | 男 | 83 | 89 | 66 | 96 | 334 | 5 |
| 5 | 苏小鸣 | 男 | 76 | 84 | 90 | 87 | 337 | 3 |
| 6 | 陆明明 | 女 | 98 | 97 | 94 | 95 | 384 | 1 |
| 7 | 马英明 | 女 | 78 | 67 | 82 | 89 | 316 | 6 |
| 8 | 苏辉黎 | 女 | 96 | 90 | 99 | 88 | 373 | 2 |
| 9 | | | | | | | | |

**图 6-2　学生成绩统计表**

### 6.1.2　IF 函数

IF 函数根据指定的条件来判断其“真”(TRUE)、“假”(FALSE),根据逻辑计算的真假值,从而返回相应的内容。

该函数的语法规则如下。

```
IF(logical_test,value_if_true,value_if_false)
```

函数中各参数的含义为:【logical_test】为逻辑判断,逻辑判断为“真”(TRUE)时函数的结果为第二个参数【value_if_true】,逻辑判断为“假”(FALSE)时函数的结果为第三个参数【value_if_false】。

利用 IF 函数,可以实现按条件显示。例如,教师在统计学生成绩时,希望输入 60 以下的分数显示为“不及格”,输入 60 以上的分数显示为“及格”。这样可以利用 IF 函数来实现。假设成绩在 A2 单元格中,判断结果在 A3 单元格中。那么在 A3 单元格中输入公式【=if(A2<60,“不及格”,“及格”)】。

同时,在 IF 函数中还可以嵌套 IF 函数或其他函数。

例如:如果输入【=if(A2<60,“不及格”,if(A2<=90,“及格”,“优秀”))】,可以把成绩分为三个等级;如果输入【=if(A2<60,“差”,if(A2<=70,“中”,if(A2<90,“良”,“优”)))】,可以把成绩分为四个等级。

再例如,公式【=if(SUM(A1:A5)>0,SUM(A1:A5),0)】利用了嵌套函数,其实现的功能为,当 A1 至 A5 的和大于 0 时,返回这个值,如果小于 0,那么就返回 0。

**注意**:以上的符号均为半角,而且 IF 与括号之间也不能有空格。

**例 6-1**　要实现不同收入的员工扣发相应的应缴税额,计算实发工资,可利用 IF 函数实现。这里需要用到 IF 函数的嵌套使用。

**分析**　应缴税额的计算方法如下:如果扣税所得额≤500,扣 5%的税;如果 500<扣税所得额<2000,扣 10%的税再减去 25 元;如果扣税所得额≥2000,扣 15%的税再减去 125 元。

**解** 根据所列的条件，我们利用 IF 函数的嵌套，可以实现计算应缴税。因此 L3 中的公式应为【=IF(K3<500,K3 * 0.05,IF(K3<2000,K3 * 0.1-25,K3 * 0.15-125))】。通过下拉填充句柄可以很容易得到该列中其他人应该缴纳的税款额度。再用应发工资减去缴纳税款即可得到实发工资，如图 6-3 所示。

| | B | C | D | E | F | G | H | I | J | K | L | M |
|---|---|---|---|---|---|---|---|---|---|---|---|---|
| 1 | | | | | | | | | | | | |
| 2 | 员工姓名 | 所在部门 | 基本工资 | 应扣工资 | 住房补助 | 车费补助 | 保险金 | 奖金 | 应发工资 | 扣税所得额 | 应缴税 | 实发工资 |
| 3 | 江雨薇 | 人事部 | 3000 | 20 | 100 | 0 | 200 | 300 | 3180 | 2180 | 202 | 2978 |
| 4 | 郝思嘉 | 行政部 | 2000 | 23 | 100 | 120 | 200 | 340 | 2337 | 1337 | 108.7 | 2228.3 |
| 5 | 林晓彤 | 财务部 | 2500 | 14 | 100 | 120 | 200 | 360 | 2866 | 1866 | 161.6 | 2704.4 |
| 6 | 曾云儿 | 销售部 | 2000 | 8 | 100 | 120 | 200 | 360 | 2372 | 1372 | 112.2 | 2259.8 |
| 7 | 邱月清 | 业务部 | 3000 | 9 | 100 | 120 | 200 | 340 | 3351 | 2351 | 227.65 | 3123.35 |
| 8 | 沈沉 | 人事部 | 2000 | 50 | 100 | 120 | 200 | 300 | 2270 | 1270 | 102 | 2168 |
| 9 | 蔡小蓓 | 行政部 | 2000 | 36 | 100 | 0 | 200 | 300 | 2164 | 1164 | 91.4 | 2072.6 |
| 10 | 尹南 | 财务部 | 3000 | 40 | 100 | 120 | 200 | 340 | 3320 | 2320 | 223 | 3097 |
| 11 | 陈小旭 | 销售部 | 2500 | 60 | 100 | 120 | 200 | 250 | 2710 | 1710 | 146 | 2564 |
| 12 | 薛婧 | 业务部 | 1500 | 25 | 100 | 120 | 200 | 450 | 1945 | 945 | 69.5 | 1875.5 |
| 13 | 萧煜 | 财务部 | 2000 | 26 | 100 | 0 | 200 | 360 | 2234 | 1234 | 98.4 | 2135.6 |
| 14 | 陈露 | 销售部 | 3000 | 39 | 100 | 120 | 200 | 360 | 3341 | 2341 | 226.15 | 3114.85 |
| 15 | 杨清清 | 业务部 | 2500 | 48 | 100 | 120 | 200 | 120 | 2592 | 1592 | 134.2 | 2457.8 |
| 16 | 柳晓琳 | 人事部 | 3000 | 52 | 100 | 120 | 200 | 450 | 3418 | 2418 | 237.7 | 3180.3 |
| 17 | 杜媛媛 | 行政部 | 2000 | 16 | 100 | 120 | 200 | 120 | 2124 | 1124 | 87.4 | 2036.6 |
| 18 | 乔小麦 | 财务部 | 3000 | 54 | 100 | 120 | 200 | 120 | 3086 | 2086 | 187.9 | 2898.1 |
| 19 | 丁欣 | 销售部 | 2000 | 16 | 100 | 0 | 200 | 450 | 2334 | 1334 | 108.4 | 2225.6 |
| 20 | 赵震 | 业务部 | 2500 | 49 | 100 | 120 | 200 | 450 | 2921 | 1921 | 167.1 | 2753.9 |
| 21 | | | | | | | | | | | | |

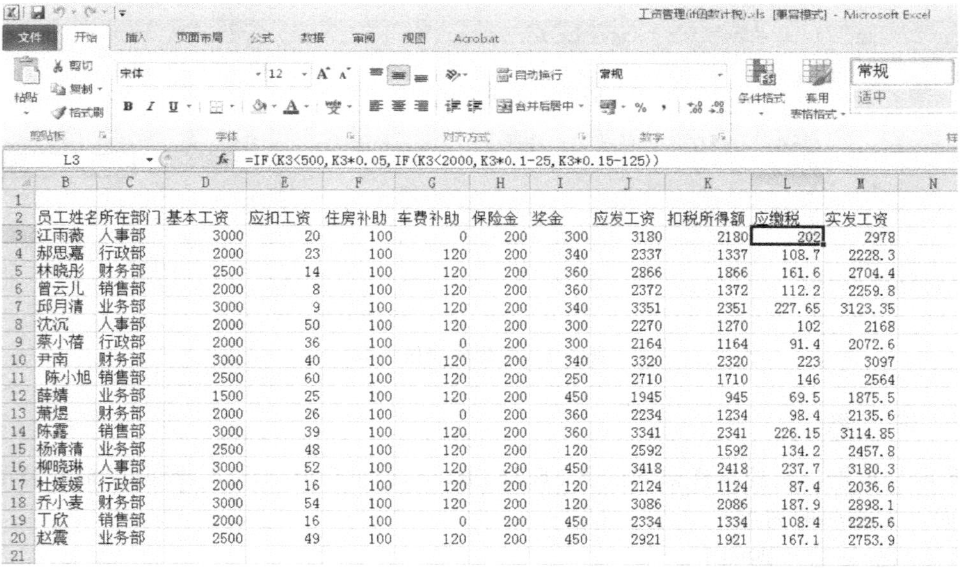

图 6-3　利用 IF 函数计算应缴税额

## 6.1.3　COUNTIF 函数

COUNTIF 函数是 Excel 中对指定区域中符合指定条件的单元格计数的一个函数。

该函数的语法规则如下。

```
COUNTIF(range,criteria)
```

函数中各参数的含义为:【range】为要计算其中非空单元格数目的区域;【criteria】为以数字、表达式或文本形式定义的条件。

已知某单位的员工的出生年月，可以利用日期函数 NOW()和取整数的函数 ROUND()计算出年龄，如图 6-4 所示，再根据 COUNTIF 函数统计各年龄段人数，如图 6-5 所示。

| | F | G | H | I | J | K |
|---|---|---|---|---|---|---|
| 4 | Type | Enter date | Left date | Birthday | age | 40岁以上人员数目 |
| 5 | 1 | 1999/07/08 | | 1976/4/13 | 42.00 | 103 |
| 6 | 1 | 1999/11/01 | | 1978/5/26 | 40.00 | 35-40岁人数 |
| 7 | 1 | 1999/08/02 | | 1977/7/22 | 41.00 | 68.00 |
| 8 | 1 | 2000/12/25 | | 1977-07-19 | 41.00 | 30-35人数 |
| 9 | 1 | 1998/10/26 | | 1972/5/16 | 46.00 | |
| 10 | 1 | 2009/12/14 | | 1973/10/2 | 45.00 | |

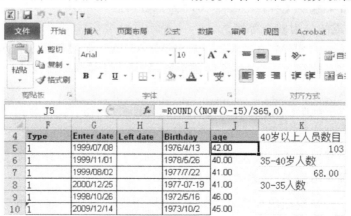

图 6-4　利用函数计算员工年龄

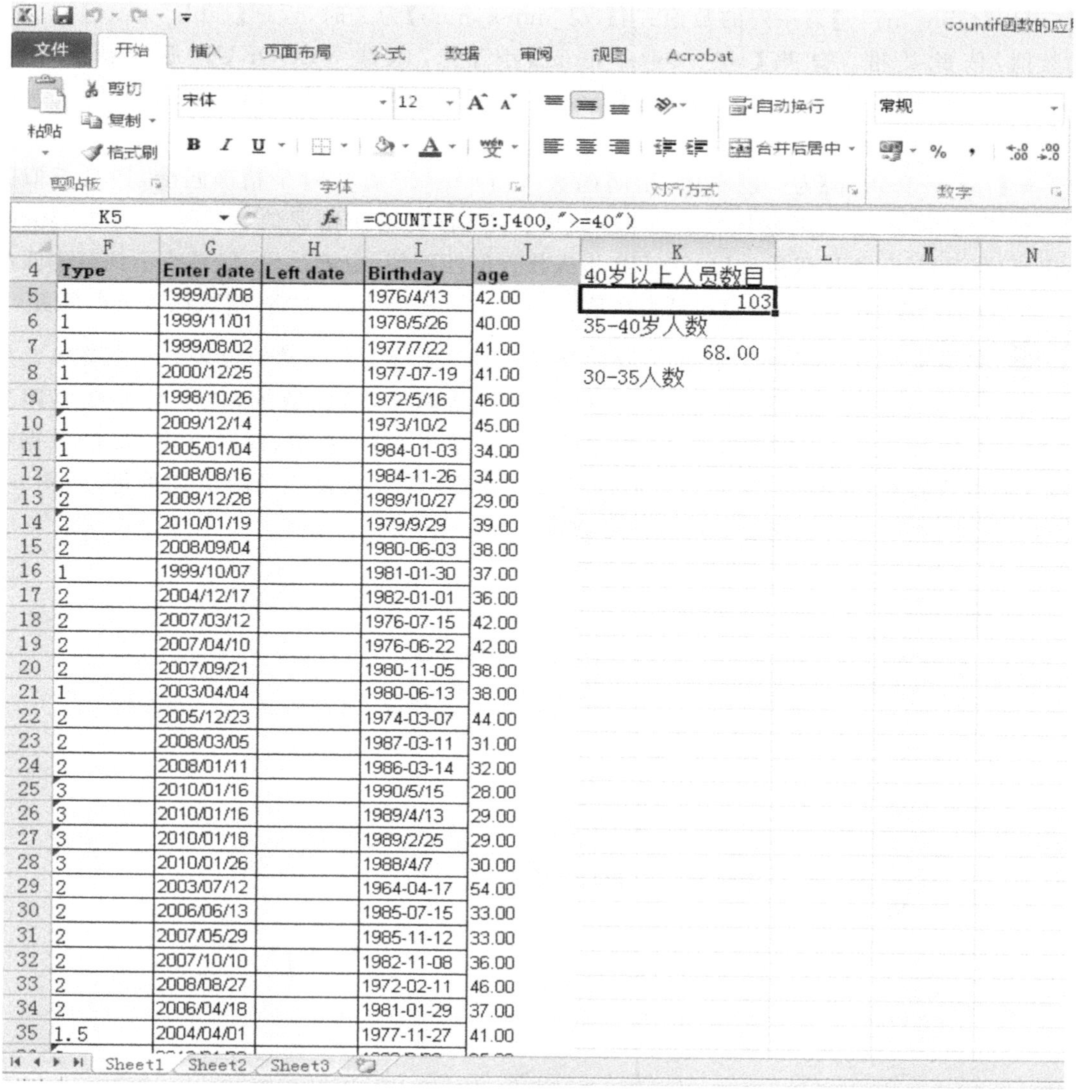

图 6-5 统计各年龄段人数

## 6.1.4 VLOOKUP 函数

VLOOKUP 函数是 Excel 中的一个纵向查找函数,它与 LOOKUP 函数和 HLOOKUP 函数属于同一类函数,在工作中都有广泛应用,如可以用来核对数据,以及多个表格之间快速导入数据等函数功能。VLOOKUP 函数的功能是按列查找,最终返回该列所需查询列序所对应的值;与之对应的 HLOOKUP 是按行进行查找的。

该函数的语法规则如下。

```
VLOOKUP(lookup_value,table_array,col_index_num,range_lookup)
```

函数中各参数的含义如下。

● 【Lookup_value】为需要在数据表第一列中进行查找的数值。Lookup_value 可以为数值、引用或文本字符串。当 VLOOKUP 函数第一参数省略查找值时,表示用 0 查找。

● 【table_array】为需要在其中查找数据的数据表,使用对区域或区域名称的引用。

● 【col_index_num】为 table_array 中查找数据的数据列序号。当【col_index_num】为 1

时,返回【table_array】第一列的数值;当【col_index_num】为 2 时,返回【table_array】第二列的数值,依此类推。如果【col_index_num】小于 1,函数 VLOOKUP 返回错误值 ♯VALUE!;如果【col_index_num】大于【table_array】的列数,函数 VLOOKUP 返回错误值【♯REF!】。

● 【range_lookup】为一逻辑值,指明函数 VLOOKUP 查找时是精确匹配,还是近似匹配。如果为 false 或 0,则返回精确匹配;如果找不到,则返回错误值 ♯N/A。如果 range_lookup 为 TRUE 或 1,函数 VLOOKUP 将查找近似匹配值,也就是说,如果找不到精确匹配值,则返回小于【lookup_value】的最大数值。如果 range_lookup 省略,则默认为近似匹配。

**例 6-2** 已知某农产品价格存储在单独的工作表【农产品单价表】中,如图 6-6 所示。【农产品销售情况表】中的价格要参照【农产品单价表】的数据,这个时候就要用到 VLOOKUP 函数了。出售单价要从前面的【农产品单价表】中获取,此时查找 A2 的数据在【农产品单价表】中的数据,返回查找后的第二列数据,即为该农产品的出售单价,如图 6-7 所示。同样,收购单价也很容易通过该函数求得。

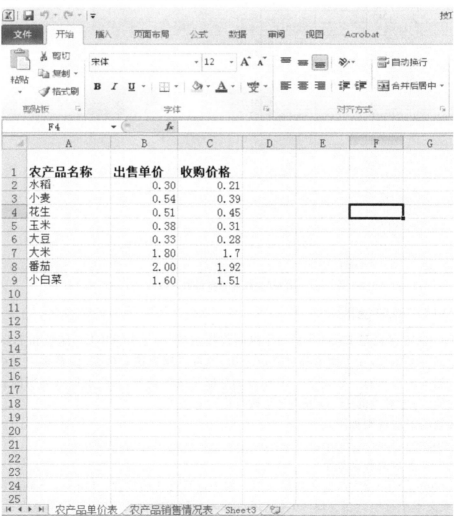

**图 6-6 农产品单价表**

图 6-7　农产品销售情况表（应用 VLOOKUP 函数）

## 6.1.5　OFFSET 函数

OFFSET 函数是以指定的（单元格或相连单元格区域的引用）为参照系，通过给定偏移量得到新的引用。返回的引用可以是一个单元格也可以是一个区域（可以指定行列数）。

该函数的语法规则如下。

```
OFFSET(reference,rows,cols,[height],[width])
```

OFFSET 函数中各参数的含义如下。

● 【reference】（必需）　该参数是作为偏移量参照系的引用区域。【reference】必须为对单元格或相连单元格区域的引用;否则,OFFSET 返回错误值≠VALUE!。

● 【rows】(必需)　该参数是指相对于偏移量参照系的左上角单元格,上(下)偏移的行数。如果 rows 的值为 5,则说明目标引用区域的左上角单元格比 reference 低 5 行。行数可为正数(表示在起始引用的下方)或负数(表示在起始引用的上方)。

● 【cols】(必需)　该参数是指相对于偏移量参照系的左上角单元格,左(右)偏移的列数。如果 cols 的值为 5,则说明目标引用区域的左上角的单元格比 reference 靠右 5 列。列数可为正数(表示在起始引用的右边)或负数(表示在起始引用的左边)。

● 【height】(可选)　高度,即所要返回的引用区域的行数。【height】必须为正数。

● 【width】(可选)　宽度,即所要返回的引用区域的列数。【width】必须为正数。

利用 OFFSET 函数编辑的公式的结果如表 6-1 所示。

表 6-1　利用 OFFSET 函数编辑的公式的结果

| 公式 | 说明(结果) |
| --- | --- |
| =OFFSET(C3,2,3,1,1) | 显示单元格 F5 中的值(0) |
| =SUM(OFFSET(C3:E5,-1,0,3,3)) | 对数据区域 C2:E4 求和(0) |
| =OFFSET(C3:E5,0,-3,3,3) | 返回错误值≠REF!,因为引用区域不在工作表中 |

## 6.1.6　DCOUNT 函数

DCOUNT 函数用于返回列表或数据库中满足指定条件的记录字段(列)中包含数字的单元格的个数。

该函数的语法规则如下。

```
DCOUNT(database,field,criteria)
```

DCOUNT 函数中各参数的含义如下。

● 【database】(必需)　该参数是指构成列表或数据库的单元格区域。数据库是包含一组相关数据的列表,其中包含相关信息的行为记录,且包含数据的列为字段。列表的第一行包含每一列的标签。

● 【field】(必需)　该参数用于指定函数所使用的列。输入两端带双引号的列标签,如"使用年数"或"产量";或是代表列在列表中的位置的数字(不带引号),如 1 表示第一列,2 表示第二列,依此类推。

● 【criteria】(必需)　该参数是指包含所指定条件的单元格区域。用户可以为参数【criteria】指定任意区域,只要此区域包含至少一个列标签,并且列标签下方包含至少一个指定列条件的单元格。

**例 6-3**　在图 6-8 中 H1 单元格中编辑公式为【=DCOUNT(A4:E10,"使用年数",A1:F2)】,该公式应用了 DCOUNT 函数,该函数可以实现查找高度在 10～16 米之间的苹果树的记录,并且计算这些记录中【使用年数】字段包含数字的单元格数目,返回结果为【1】。

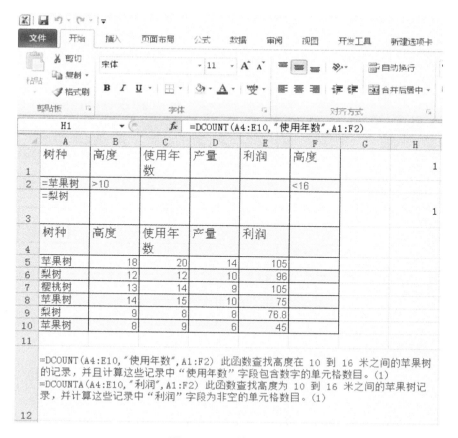

图 6-8　果树情况表一

### 6.1.7　DCOUNTA 函数

DCOUNTA 函数用于返回列表或数据库中满足指定条件的记录字段(列)中的非空单元格的个数。

该函数的语法规则如下。

```
DCOUNTA(database,field,criteria)
```

DCOUNTA 函数中各参数的含义如下。

● 【database】(必需)　该参数用于构成列表或数据库的单元格区域。数据库是包含一组相关数据的列表,其中包含相关信息的行为记录,且包含数据的列为字段。列表的第一行包含每一列的标签。

● 【field】(必需)　该参数用于指定函数所使用的列。输入两端带双引号的列标签,如"使用年数"或"产量";或是代表列在列表中的位置的数字(不带引号),如 1 表示第一列,2 表示第二列,依此类推。

● 【criteria】(必需)　该参数包含所指定条件的单元格区域。用户可以为参数【criteria】指定任意区域,只要此区域包含至少一个列标签,并且列标签下方包含至少一个指定列条件的单元格。

**例 6-4**　在图 6-9 所示的 H3 单元格中编辑公式为【=DCOUNTA(A4:E10,"利润",A1:F2)】,该公式应用了 DCOUNTA 函数,此函数可查找高度为 10～16 米之间的苹果树记录,并计算这些记录中"利润"字段为非空的单元格数目,返回结果为【1】。

| | A | B | C | D | E | F | G | H |
|---|---|---|---|---|---|---|---|---|
| 1 | 树种 | 高度 | 使用年数 | 产量 | 利润 | 高度 | | 1 |
| 2 | =苹果树 | >10 | | | | <16 | | |
| 3 | =梨树 | | | | | | | 1 |
| 4 | 树种 | 高度 | 使用年数 | 产量 | 利润 | | | |
| 5 | 苹果树 | 18 | 20 | 14 | 105 | | | |
| 6 | 梨树 | 12 | 12 | 10 | 96 | | | |
| 7 | 樱桃树 | 13 | 14 | 9 | 105 | | | |
| 8 | 苹果树 | 14 | 15 | 10 | 75 | | | |
| 9 | 梨树 | 9 | 8 | 8 | 76.8 | | | |
| 10 | 苹果树 | 8 | 9 | 6 | 45 | | | |
| 11 | | | | | | | | |
| 12 | =DCOUNT(A4:E10,"使用年数",A1:F2) 此函数查找高度在 10 到 16 米之间的苹果树的记录,并且计算这些记录中"使用年数"字段包含数字的单元格数目。(1) =DCOUNTA(A4:E10,"利润",A1:F2) 此函数查找高度为 10 到 16 米之间的苹果树记录,并计算这些记录中"利润"字段为非空的单元格数目。(1) | | | | | | | |

H3 =DCOUNTA(A4:E10,"利润",A1:F2)

**图 6-9   果树情况表二**

## 6.2   数据透视表和数据透视图

### 6.2.1   数据透视表

数据透视表是一种对大量数据快速汇总和建立交叉列表的交互式动态表格,能帮助用户分析、组织数据。例如,计算平均数、标准差,建立列联表、计算百分比、建立新的数据子集等。建好数据透视表后,可以对数据透视表重新安排,以便从不同的角度查看数据。数据透视表可以从大量看似无关的数据中寻找背后的联系,从而将纷繁的数据转化为有价值的信息,以供研究和决策所用。

 **例 6-5**   如图 6-10 所示,已知某公司的日常费用信息,使用 Excel 统计每个月各部门的开支(出额)和收入(入额)情况。

如果这个表中数据很多,用函数或分类汇总会比较麻烦,此时最快的方法就是使用数据透视表。选择【插入】/【数据透视表】命令,弹出【创建数据透视表】对话框,如图 6-11 所示,选择数据区域,并选择本工作表中一个位置作为存储数据透视表的区域,然后会显示如图6-12所示的未添加任何数据的数据透视表,将右侧的数据拖入左侧的数据透视表中,将月份拖入行中,将部门拖入列中,将入额和出额拖入数据区域,修改计数项为求和项,很快就能得到结果,如图 6-13 所示。

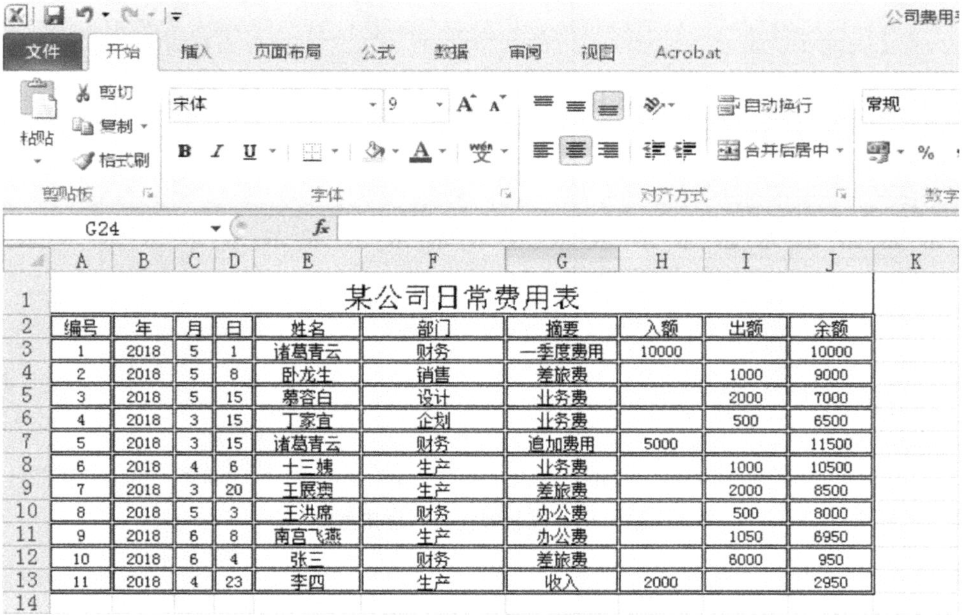

| 编号 | 年 | 月 | 日 | 姓名 | 部门 | 摘要 | 入额 | 出额 | 余额 |
|---|---|---|---|---|---|---|---|---|---|
| | | | | | | 某公司日常费用表 | | | |
| 1 | 2018 | 5 | 1 | 诸葛青云 | 财务 | 一季度费用 | 10000 | | 10000 |
| 2 | 2018 | 5 | 8 | 卧龙生 | 销售 | 差旅费 | | 1000 | 9000 |
| 3 | 2018 | 5 | 15 | 慕容白 | 设计 | 业务费 | | 2000 | 7000 |
| 4 | 2018 | 3 | 15 | 丁家宜 | 企划 | 业务费 | | 500 | 6500 |
| 5 | 2018 | 3 | 15 | 诸葛青云 | 财务 | 追加费用 | 5000 | | 11500 |
| 6 | 2018 | 4 | 6 | 十三姨 | 生产 | 业务费 | | 1000 | 10500 |
| 7 | 2018 | 3 | 20 | 王展翘 | 生产 | 差旅费 | | 2000 | 8500 |
| 8 | 2018 | 5 | 3 | 王洪席 | 财务 | 办公费 | | 500 | 8000 |
| 9 | 2018 | 6 | 8 | 南宫飞燕 | 生产 | 办公费 | | 1050 | 6950 |
| 10 | 2018 | 6 | 4 | 张三 | 财务 | 差旅费 | | 6000 | 950 |
| 11 | 2018 | 4 | 23 | 李四 | 生产 | 收入 | 2000 | | 2950 |

图 6-10　某公司日常费用表

图 6-11　创建数据透视表

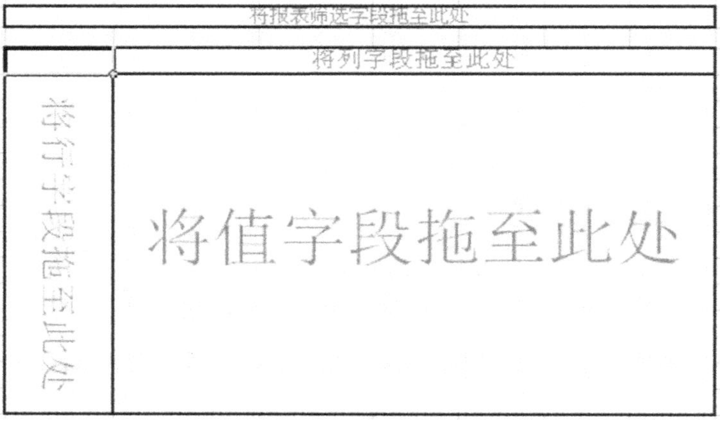

图 6-12　未添加任何数据的数据透视表

101

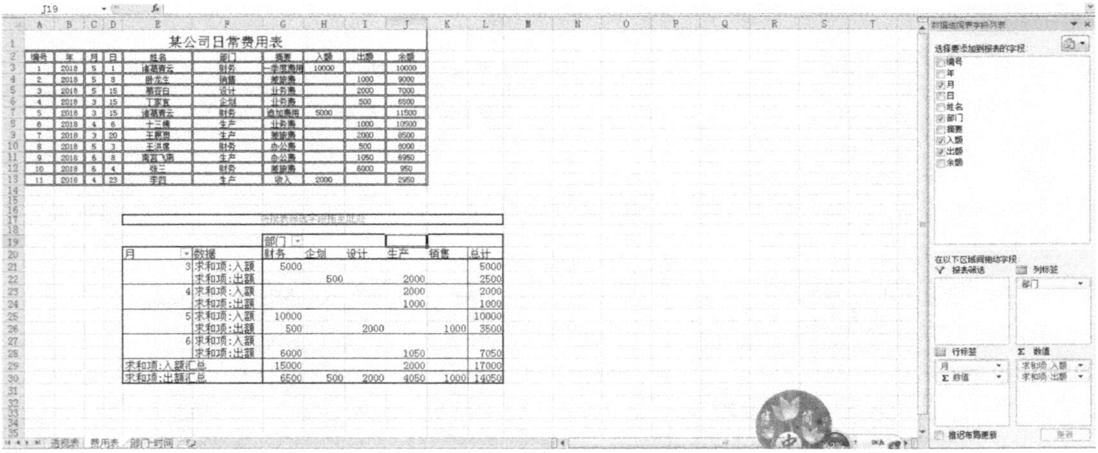

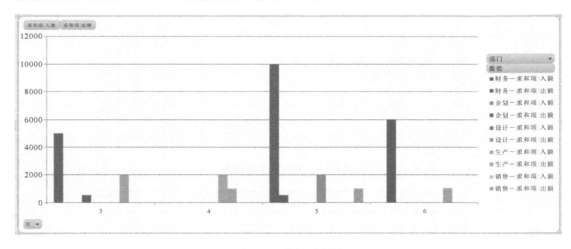

图 6-13　数据透视表的应用结果

## 6.2.2　数据透视图

我们还可以根据数据透视表直接生成数据透视图。选择【选项】/【数据透视图】命令,在弹出的对话框中选择图表的样式后,单击【确定】按钮就可以直接创建数据透视图。

根据图 6-13 所示的数据透视表,选择【选项】/【数据透视图】命令,很容易得到对应的数据透视表的透视图,显示结果更加直观,如图 6-14 所示。

图 6-14　数据透视图

## 6.3　获取外部数据

在 Excel 2010 中,我们可以获取外部的数据到 Excel 中,这样我们就可以利用 Excel 的相关功能对数据进行整理和分析。下面通过一个例子来详细介绍。

**例 6-6**　　如图 6-15 所示的文本文件,将其中的数据导入到 Excel 中来。

（1）打开 Excel 2010，打开【数据】选项卡，我们可以看到很多种文件类型都可以导入 Excel 表格中，如图 6-16 所示。

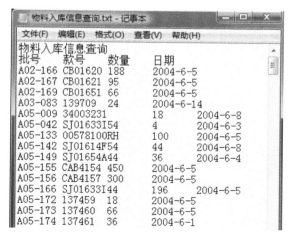

图 6-15　某文本文件

图 6-16　Excel 导入数据选项

（2）点击【自文本】按钮，然后选择文本所在位置，选择完毕后将弹出如图 6-17 所示的【文本导入向导-步骤 1（共 3 步）】对话框，在【原始数据类型】栏选择【分隔符号（D）-用分隔字符，如逗号或制表符分隔每个字段】单选框，在【文本导入向导-步骤 1（共 3 步）】对话框的下方有一个预览框，从图 6-17 中可以看出第一行没有什么用处，因此将【导入起始行（R）】文本框中的数值改成 2，单击【下一步（N）】按钮，如图 6-17 所示。

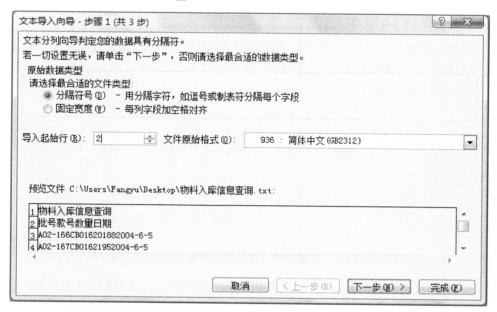

图 6-17　导入文本文件向导

（3）要选择文本文件的数据字段分隔符，根据文件的特点，在弹出【文本导入向导-步骤 2（共 3 步）】对话框的【分隔符号】栏选择【Tab 键（T）】复选框，单击【下一步（N）】按钮，如图 6-18 所示。

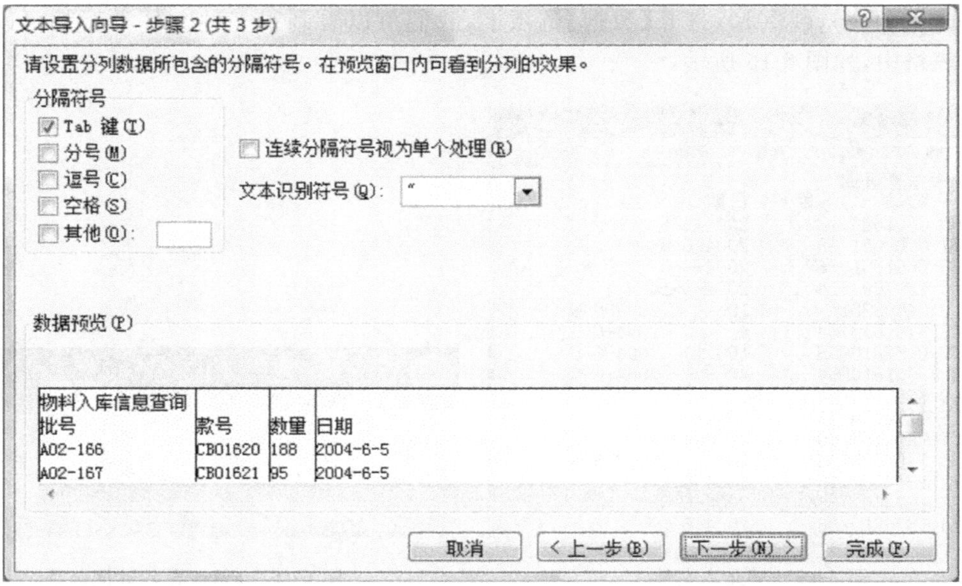

图 6-18　导入数据预览

（4）在弹出的【文本导入向导-步骤3(共3步)】对话框中选择导入数据的默认格式,【列数据格式】栏中的默认格式是【常规(G)】,此处使用默认设置,单击【完成(F)】按钮,此时弹出【导入数据】对话框,我们可以选择将数据导入到现有工作表或新建工作表。在文本文件中的数据全部引入进来以后,将它们稍微调整一下,就可以使用这些数据了。

## 6.4　选择性粘贴

Excel为我们提供了一些自动功能,如选择性粘贴等。这里的选择性粘贴是指将剪贴板中的内容按照一定的规则粘贴到工作表中,而不是像前面那样简单地复制。下面以如图6-19所示的表格为例来进行说明。

### 女士套装销售情况表

| 序号 | 产品 | 4月份 | | | 5月份 | | |
|---|---|---|---|---|---|---|---|
| | | 单价 | 销量 | 销售利润 | 单价 | 销量 | 销售利润 |
| 1 | A | 3500 | 20 | 14000.00 | 3056 | 30 | 18338.00 |
| 2 | B | 1501 | 20 | 6004.00 | 2023 | 30 | 12138.00 |
| 3 | C | 2512 | 30 | 15072.00 | 2075 | 40 | 16600.00 |
| 4 | D | 2545 | 10 | 5090.00 | 3034 | 20 | 12138.00 |
| 5 | E | 1523 | 20 | 6092.00 | 2089 | 30 | 12534.00 |

图 6-19　某销售统计表

图6-19中的【销售利润】列的数据是使用公式计算得到的,选择【销售数据】列,将其复制到【Sheet 2】中,可以发现数值并没有复制成功,此时可以使用选择性粘贴功能,具体步骤如下。

右击选中的数据,在弹出的右键快捷菜单中选择【选择性粘贴(Y)】命令,弹出如图6-20所示的【选择性粘贴】对话框,在【粘贴】栏中选择【数值(V)】复选框,单击【确定】按钮,数值就可以粘贴过来了。

图 6-20　选择性粘贴

注意：这种情况不仅是在几个工作表之间复制时会发生，在同一个工作表中进行复制时也会遇到。

选择性粘贴还有一个很常用的功能就是转置功能。简单来说，就是把一个横排的表变成竖排的表或把一个竖排的表变成横排的表。复制选中的表格，切换到另一个工作表中，打开【选择性粘贴】对话框，选中【转置(E)】复选框，单击【确定】按钮，可以看到行和列的位置相互转换了过来。

另外，一些简单的计算也可以使用选择性粘贴来完成。复制选中的单元格，然后打开【选择性粘贴】对话框，在【运算】栏选中【加(D)】单选框，单击【确定】按钮，单元格中的数值就变成原来的两倍了。此外，用户还可以使用选择性粘贴功能来粘贴全部格式或部分格式，或只粘贴公式等。

 ## 6.5　自定义函数

自定义函数，也称用户定义函数，是 Excel 中最富有创意和吸引力的功能之一。在办公软件的实际操作中，往往需要进行许多重复性很高的工作，经常会遇到求一个值而嵌套多个函数的情况，像这样重复性高、相对较为复杂的函数应用上，我们就不妨自己创建一个函数来方便以后使用具体方法如下。

在功能区设置 Excel 开发工具选项，默认的 Excel 的开发工具选项不在功能区里显示，所以需要手动设置，具体步骤如下。

（1）打开 Excel 文件，选择【文件】/【选项】命令，如图 6-21 所示。

（2）在弹出的【Excel 选项】对话框中，点击【自定义功能区】，在右侧的【自定义功能区(B)】下拉列表中选择【主选项卡】，然后选中【开发工具】复选框，单击【确定】按钮，如图 6-22 所示。

（3）在【开发工具】选项区中，点击【Visual Basic】按钮，如图 6-23 所示。

图 6-21 选择【文件】/【选项】命令

图 6-22 【Excel】选项对话框

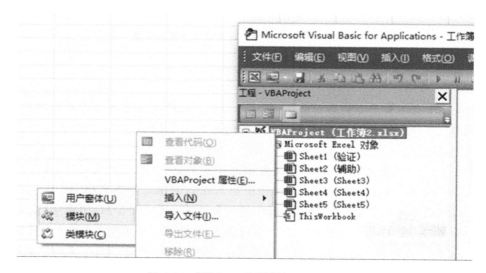

图 6-23　点击【Visual Basic】按钮

（4）在【Microsoft Visual Basic for Applications】编辑窗口，在【工程窗口-VBAProject】窗口中右击【VBAProject（工作簿 2.xlsx）】，在弹出的右键快捷菜单中选择【插入（N）】/【模块（M）】命令，如图 6-24 所示。

图 6-24　【插入（N）】/【模块（M）】命令

（5）编写函数代码，保存函数，在弹出的对话框中单击【是】按钮，完成手动设置。

**例 6-7**　某公司采用一个特殊的数学公式来计算员工工作餐的折扣，采用自定义函数的方法来设计。

**分析**　每个人的用餐金额乘以一个系数：如果是上班时的工作餐，就打六折；如果是加班时的工作餐，就打五折；如果是休息日来就餐，就打九折。

**解**　选择【开发工具】/【Visual Basic】命令，进入 Visual Basic 编辑环境，选择【插入用户窗体】/【模块（M）】命令，在右边程序编辑窗口创建的函数 rrr，如图 6-25 所示。

```
Function rrr(tatol, rr)
    If rr = "上班" Then
    rrr = 0.6 * tatol ElseIf rr = "加班" Then
    rrr = 0.5 * tatol
    ElseIf rr = "休息日" Then
    rrr = 0.9 * tatol
    End If
End Function
```

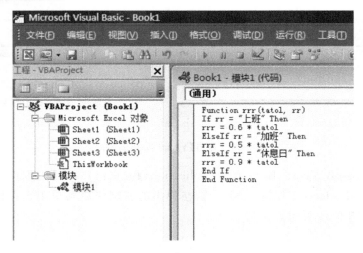

图 6-25　自定义函数实现加班餐费用的计算

## 6.6　宏的定义与使用

在 Excel 中有一种重要的自动功能，那就是"宏"。合理使用宏可以大幅提高工作效率，而且有些操作不使用宏的话会很麻烦。最简单的宏可以通过录制来实现，录制的宏可以反复多次使用，只需要执行宏，即可快速完成某项工作任务。

在 Excel 2010 中要想使用宏功能，需要添加开发工具标签。选择【文件】/【选项】命令，在弹出的【Excel 选项】对话框中，点击【信任中心】，在右侧窗口中点击【信任中心设置（T）】按钮，在弹出的【信任中心】对话框中点击【宏设置】，在右侧【宏设置】栏中选中【启用所有宏（不推荐，可能会运行有潜在危险的代码）（E）】单选框，在右侧【开发人员宏设置】栏中选中【信任对 VBA 工程对象模型的访问（V）】复选框，如图 6-26 所示。单击【确定】按钮返回 Excel 界面后，我们就可以看到在选项区中多了一个【开发工具】选项卡。

图 6-26　Excel 中启用宏功能的设置

**例 6-8** 编写一个宏，其功能是删除 A3 单元格的内容。

**解** 选择【开发工具】/【录制宏】命令，弹出【录制新宏】对话框，在【宏名(M)】文本框中输入宏的名字，单击【确定】按钮，如图 6-27 所示。

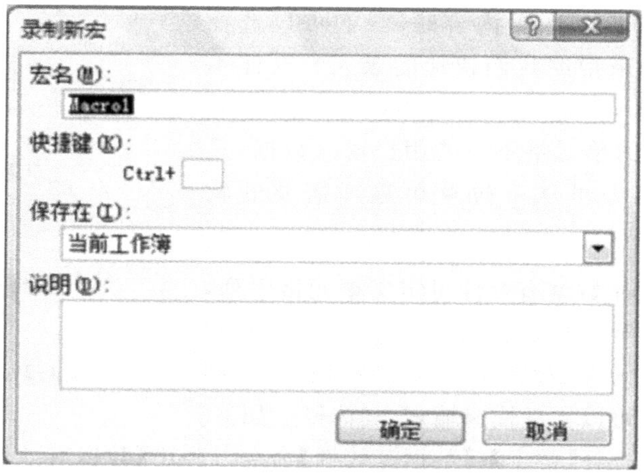

图 6-27 录制新宏

此时我们就可以进行宏的录制了，在【开发工具】选项卡最左侧可以看到目前的状态是【停止录制】，表示当我们在创建一个宏后，就已经开始在录制宏了。单击 A3 单元格，按【Delete】键，这个宏的操作就算完成了，单击【停止录制】。

在 A3 单元格中填上任意数值，选择其他的单元格，选择【开发工具】/【宏】命令，弹出如图 6-28 所示的【宏】对话框。选择我们刚才录制的宏，单击【执行(R)】按钮，A3 单元格的内容就没有了。现在我们打开一个带有宏的工作簿，Excel 会提醒我们打开的文件中带有宏，如果你不能确定宏是否带有恶意的代码可以选择【禁用宏】，否则可以选择【启用宏】。在禁用之后即使宏中有恶意代码也不会对你的计算机起作用了。定义好宏以后，可以通过运行该宏快速完成固定的操作步骤。一般把需要重复操作的步骤录制为宏，以便日后调用。

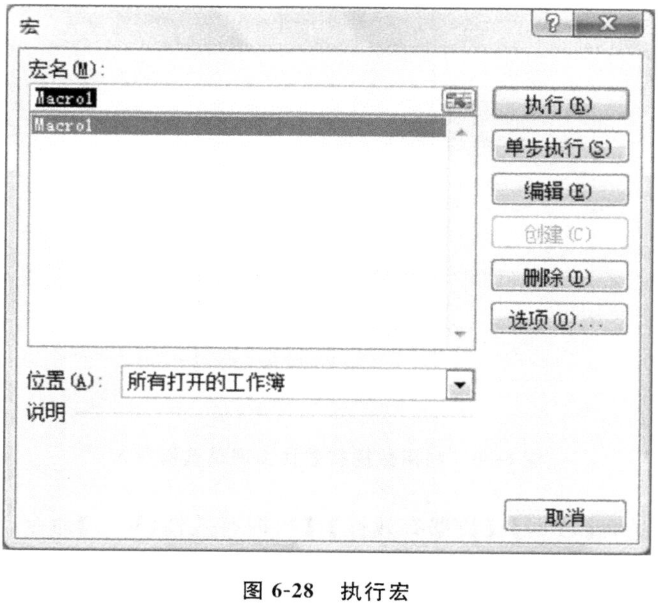

图 6-28 执行宏

## 6.7 典型案例

### 6.7.1 单选框录入

在录入一些选择性的数据内容时,我们可以选择使用 Excel 下拉菜单来帮助我们快速的录入。这样不仅可以快速选择录入,而且还不容易出错。如图 6-29 所示,软件名称后面的单元格不需要用户输入数据,只需要点击下拉按钮,即可从下拉菜单选择需要的软件名。

**图 6-29 单选框录入**

**方法一** 使用数据有效性可定义单元格序列,这样可以直接在下拉列表中选择所需的数据。例如,软件名称包括 11 种,如 Excel、Word、PowerPoint 等。利用 Excel 数据有效性可以实现快速输入,具体操作如下。

选中单元格 B3,选择【数据】/【数据有效性】命令。弹出【数据有效性】对话框,在【设置】选项卡中【允许(A)】下拉列表中选择【序列】,在【来源(S)】文本框中输入【Excel,Word,PowerPoint,Access,Outlook,OneNote,InfoPath,FrontPage,Publish,Visio,Project】(注意字符之间的间隔应为英文符号)。依次打开【输入信息】选项卡和【出错警告】选项卡,分别在其中填写提示信息和用户输入错误的警告信息,点击【确定】按钮,返回工作表,在设定的单元格右侧出现一个下拉箭头按钮和提示信息。单击下拉箭头按钮,在弹出的下拉列表中即可选择输入的信息,如图 6-30 所示。

**图 6-30 利用数据有效性实现单选框录入**

**方法二** 选择【数据】/【数据有效性】/【数据有效性(V)...】命令,在【设置】选项卡中【允许(A)】下拉列表中选择【序列】,【来源(S)】选择数据来源,一般可以把数据放在专门的工作表里。如图 6-31 所示，利用跨工作表的引用，引用【数据】工作表中的单元格区域，点击【确定】按钮即可。

图 6-31　利用数据有效性和数据引用实现单选框录入

### 6.7.2　多级选择录入

多级选择录入可以实现选择大项名称后，再根据大项的名称变化选择后面的小项名称。例如，如图 6-32 所示，已知每个省有很多城市，在某录入区域要实现选择省份，然后再在根据选择的省份再来选择城市，即城市的变化要随着省份的变化而变化。

图 6-32　省份和城市列表

**操作步骤** （1）命名单元格区域为所在省份的名字，选中广东省所有城市，右击，在弹出的右键快捷菜单中选择【命名单元格区域（R）…】，在弹出的【新建名称】对话框的【名称（N）】文本框中输入【广东省】，如图 6-33 所示。按照这个方法，依次可以定义浙江省、辽宁省、四川省、河北省、湖南省和安徽省等。

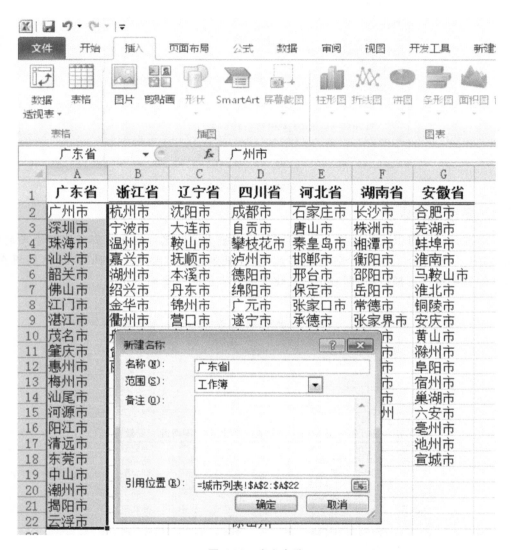

图 6-33　定义名称

（2）在要显示省份下拉的单元格，利用数据有效性，实现下拉选择，如图 6-34 所示。

（3）城市单元格的数据有效性设置，利用【＝INDIRECT（A2）】函数，该 INDIRECT（）函数的作用是利用前面的省份作为引导数据，城市数据根据省份变化而变化，如图 6-35 所示。

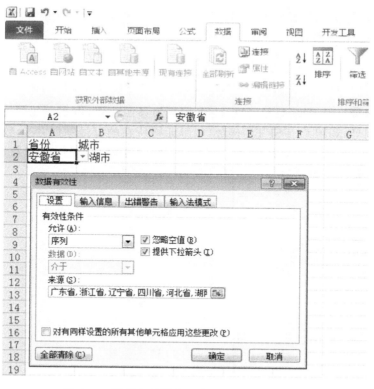

图 6-34 数据有效性实现省份单元格下拉选择

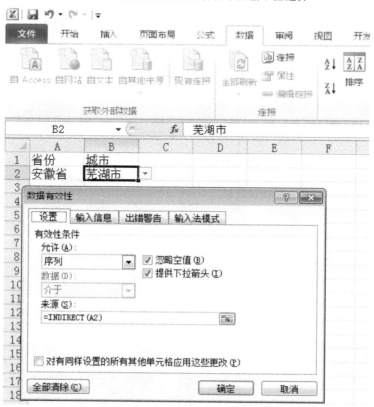

图 6-35 用 INDIRECT()函数城市单元格中的数据下拉显示

### 6.7.3 批量生成工资条

已知，Excel 中有一个工资表，如图 6-36 所示，现在想要实现每个人一个工资条，工资条中有表头信息，并且打印后方便裁剪（如中间生成一个空白行），效果如图 6-37 所示。

**实现原理** 以原工资表的 A1 单元格为参照位置，取显示工资条的表格的各单元格的行号和列号，利用 OFFSET() 函数，取单元格所在的行号除以 3，余数为 0，1，2，分别作相应的偏移。余数为 0 的直接显示空行，余数为 1 的显示标题行，余数为 2 的作相应的偏移引用得到特定员工工资信息。

| | A | B | C | D | E | F |
|---|---|---|---|---|---|---|
| 1 | 编号 | 姓名 | 工资 | 奖金 | 实发工资 | |
| 2 | A0711 | 张三 | 30 | 10 | 40 | |
| 3 | A0795 | 李四 | 50 | 20 | 70 | |
| 4 | A0733 | 王五 | 70 | 30 | 100 | |
| 5 | B1234 | 赵六 | 90 | 40 | 130 | |
| 6 | A2345 | 张大 | 80 | 50 | 130 | |
| 7 | B1123 | 田七 | 60 | 50 | 110 | |

**图 6-36 某单位员工工资表**

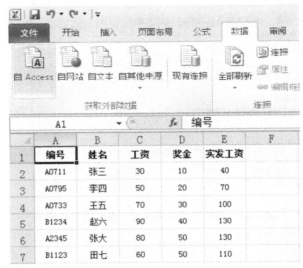

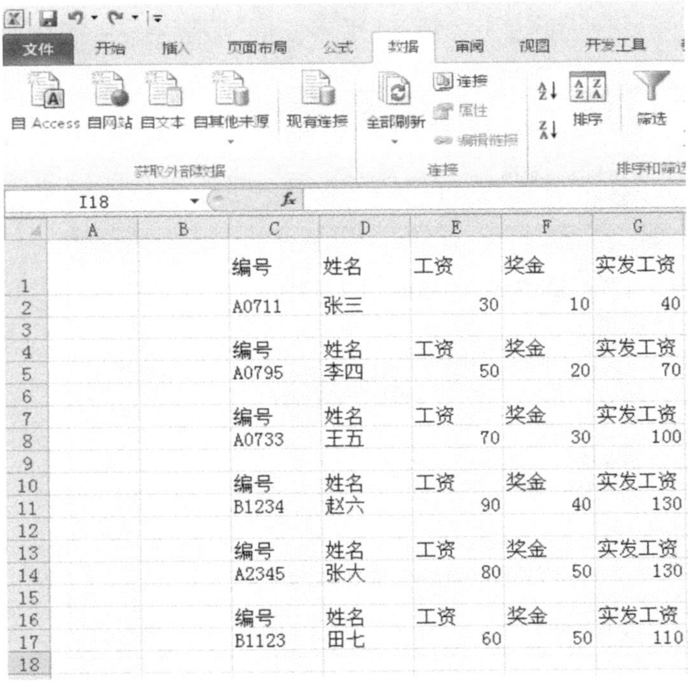


| | A | B | C | D | E | F | G |
|---|---|---|---|---|---|---|---|
| 1 | | | 编号 | 姓名 | 工资 | 奖金 | 实发工资 |
| 2 | | | A0711 | 张三 | 30 | 10 | 40 |
| 3 | | | | | | | |
| 4 | | | 编号 | 姓名 | 工资 | 奖金 | 实发工资 |
| 5 | | | A0795 | 李四 | 50 | 20 | 70 |
| 6 | | | | | | | |
| 7 | | | 编号 | 姓名 | 工资 | 奖金 | 实发工资 |
| 8 | | | A0733 | 王五 | 70 | 30 | 100 |
| 9 | | | | | | | |
| 10 | | | 编号 | 姓名 | 工资 | 奖金 | 实发工资 |
| 11 | | | B1234 | 赵六 | 90 | 40 | 130 |
| 12 | | | | | | | |
| 13 | | | 编号 | 姓名 | 工资 | 奖金 | 实发工资 |
| 14 | | | A2345 | 张大 | 80 | 50 | 130 |
| 15 | | | | | | | |
| 16 | | | 编号 | 姓名 | 工资 | 奖金 | 实发工资 |
| 17 | | | B1123 | 田七 | 60 | 50 | 110 |
| 18 | | | | | | | |

**图 6-37 完成后的工资条效果图**

例如,在批量生成工资条的表中显示张三(第 2 行)的工资条信息的时候,取当前所在的第 2 行的行号为 2,除以 3 取整的数据(ROUND(ROW()/3,0))的结果为 1,相对于原工资表的 A1 单元格,行偏移 1 即可实现得到数据了,列的偏移则借用 COLUMN()函数。原 C1 单元格中的列偏移的数据为 COLUMN(A1)-1,为相对引用,自动填充到 C2 的时候列的偏移的数据为 0(COLUMN(A2)-1 的结果为 0),自动填充到第二行 D2 的时候列偏移的数据就变为 1(COLUMN(B2)-1 的结果为 1),正好实现了往右边的正确引用。在批量生成工资条的表中显示李四(第 5 行)的工资条信息的时候,取当前所在的第 5 行的行号为 5,除以 3 取整的数据(ROUND(ROW()/3,0))的结果为 2,相对于原工资表的 A1 单元格,行偏移 2 即可实现得到数据了,列应用 COLUMN()函数可以实现正确的引用。依次类推,可以得到更多的要显示的数据。

**实现方法**　　填入第一个单元格 C1 中的公式,然后其他单元格数据通过自动填充句柄得到数据,最后得到整个工资条公式为:【=IF(MOD(ROW(),3)=0,"",IF(MOD(ROW(),3)=1,OFFSET(工资表! MYMAMYM1,0,COLUMN(A1)-1),OFFSET(工资表! MYMAMYM1,ROUND(ROW()/3,0),COLUMN(A1)-1)))】,该公式即是按照上述原理来实现的,其中用到了多个函数的嵌套,如图 6-38 所示。

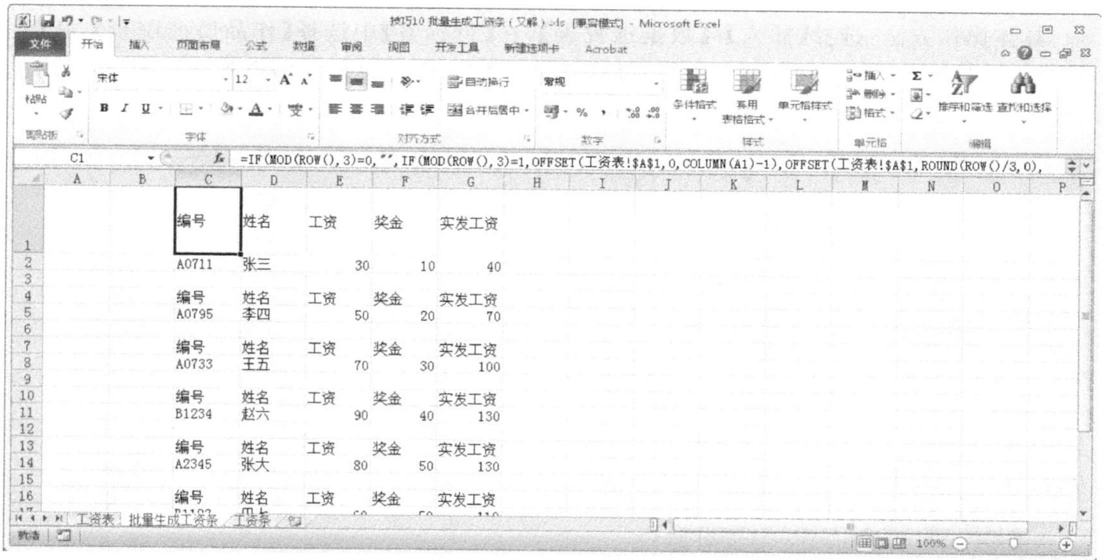

**图 6-38　批量生成工资条**

## 6.7.4　数据快速统计

Excel 中的数据统计功能主要集中在分类汇总、数据透视表中,函数也可以完成一些统计功能,但是使用起来比较麻烦。下面介绍一个案例,看使用什么功能能够快速达到统计目的。

**例 6-9**　　已知 2011 年某全国性计算机设计大赛,一共有 333 项作品参加全国决赛,Excel 数据如图 6-39 所示,如何快速统计每个学校各个类别的参数作品数。

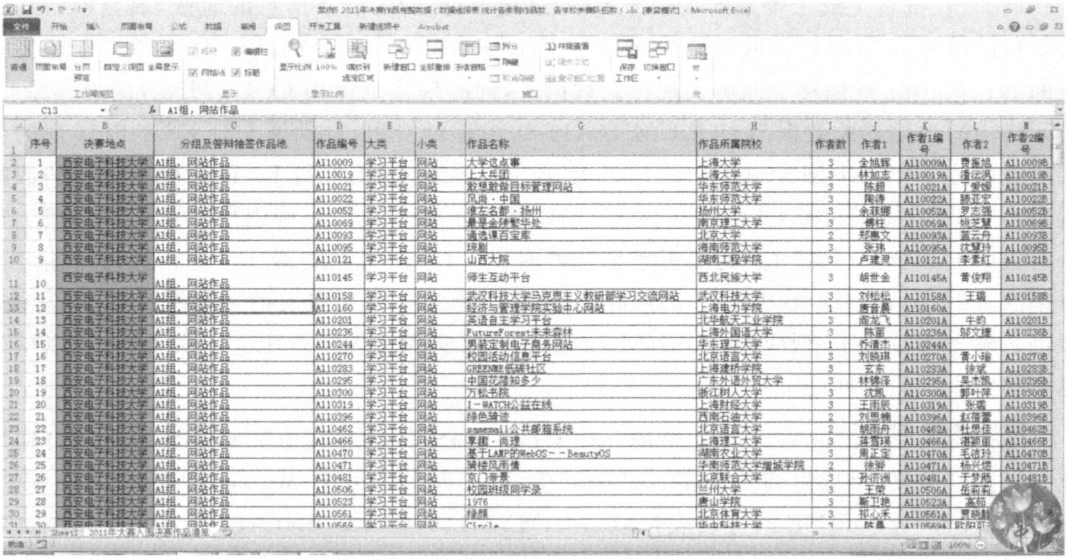

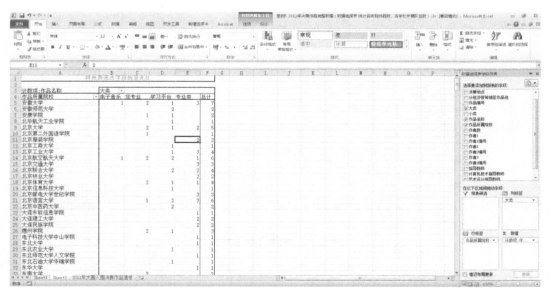

图 6-39    2011 年某项全国计算机设计大赛参赛作品统计表

**方法一**    利用数据透视表来实现。

具体操作方法：选择【插入】/【数据透视表】，在【行标签】中选择【作品所属院校】，在【列标签】中选择【大类】，在【数值】中选择对【作品名称】进行【计数】，即可得到如图 6-40 所示的结果。

图 6-40    利用数据透视表完成的统计结果

**方法二**    利用分类汇总实现。

具体操作方法：如图 6-41 所示，选择【数据】/【分类汇总】，选择【分类字段】为【大类】，【汇总方式】为【计数】，【选定汇总项】为【作品所属院校】，即可得到统计结果，如图 6-42 所示。

图 6-41  分类汇总的选项设置

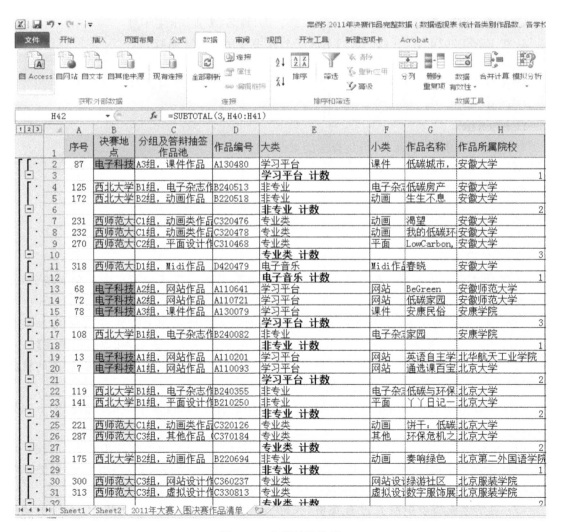

图 6-42  分类统计结果

# 习 题 6

## 一、选择题

1. Excel 2010 的图表中修改了数据系列的值时，与图表相关的工作表中的数据（　　）。

A. 自动修改　　　　　B. 不变　　　　　C. 出现错误值　　　　　D. 用特殊颜色显示

2. 在 Excel 2010 中，如果将 B3 单元格中的公式【＝C3＋MYMD5】复制到同一工作表的 D7 单元格中，该单元格公式为（　　）。

A. ＝C3＋MYMD5　　　　　　　　B. ＝D7＋MYME9

C. ＝E7＋MYMD9　　　　　　　　D. ＝E7＋MYMD5

3. 在一个学生信息表中，包含姓名、学号、专业、籍贯、出生年月，现在要统计每个专业各个省的人数，此时会用到数据透视表，那么在数据透视表中的【行标签】【列标签】【数值】区域分别应该添加的字段为（　　）。

A. 专业、学号、籍贯　　　　　　　　B、学号、姓名、专业

C. 专业、籍贯、学号　　　　　　　　D、姓名、专业、出生年月

4. 在 Excel 2010 中，下列（　　）不属于公式中使用的统计函数。

A. MAX

B. AVERAGE

C. COUNTA

D. FLOOR

5. 在 Excel 2010 中，（　　）是合法的 Excel 公式。

A. ＝SUM("abcd","efgh")

B. ＝MAX(c1:c10)

C. ＝10＊2＋12^2＋SQRT(SUM(a2,a4,a6,a8))

D. ＝CHAR(10,20)

## 二、操作题

1. 利用如图 6-43 所示的【excel 素材 2.xls】中某高校某年发表的被检索的论文统计，完成下列操作。

（1）创建数据透视表，按不同的学院来统计各种检索的收录论文篇数，各学院实发奖金总额。其中，生成的数据透视表放于新建的工作表中，更改该工作表名为【数据透视表】。

（2）在工作簿中新建一个工作表，使用图表工具制作各学院实发奖金总额对比的柱状图（利用上面的数据透视表生成的数据）。

2. 使用如图 6-44 所示的【excel 素材 1.xls】中的现有工作表【学生成绩表】，根据下列要求来完成操作。

（1）根据学生成绩表，用自定义公式或利用函数计算每个学生的加权平均分（加权平均分即为每学分的平均成绩），各单科成绩的平均分、最高分、不及格人数，利用 rank 函数求学生加权平均分的排名。注意：计算出的加权平均分取一位小数，采取四舍五入。

（2）对学生成绩表中所有没有及格（＜60 分）的数据自动加上红色提示，不能手动加颜色。

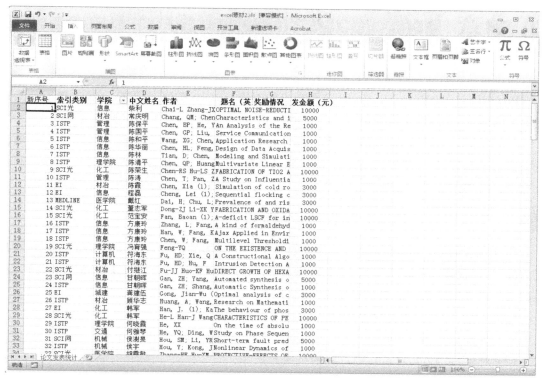

图 6-43　excel 素材 1.xls

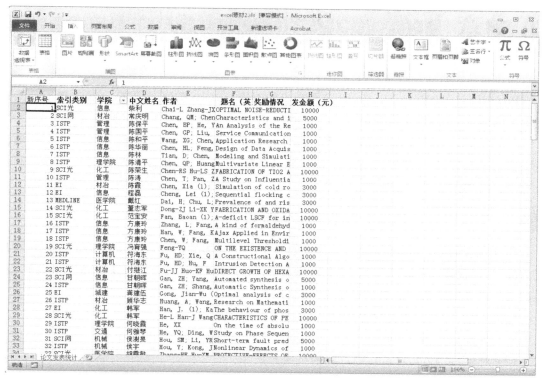

图 6-44　excel 素材 2.xls

# 第7章 PowerPoint 2010 基础及应用

PowerPoint 2010 是 Microsoft 公司推出的 Office 2010 系列产品之一,其主要用途是创建动态的演示文稿,用于辅助用户进行演讲、产品展示、教学以及工作汇报等活动。

PowerPoint 2010 的使用较为简单,但是要想充分利用掌握的素材,编辑出一个好的演示文稿也绝非易事,本章通过对基本操作到具体案例的介绍,使读者掌握演示文稿的制作技巧。

##  7.1 PowerPoint 2010 的基础知识

PPT 是 PowerPoint 的早期版本制作出来的演示文稿的扩展名(.ppt),因其相较于全称更为简洁,因此现在约定俗成以 PPT 来作为 PowerPoint 的缩写。现在 PowerPoint 2010 新建的演示文稿的默认扩展名已经变为.pptx。

PowerPoint 2010 的几个基本概念如下。

(1) 演示文稿:PowerPoint 文件称为演示文稿,默认扩展名为".pptx"。

(2) 对象:是 PowerPoint 幻灯片的组成元素。

(3) 版式:是指幻灯片中对象的布局格式。

(4) 母版:母版包含着每个页面上所需要显示的对象。

(5) 配色方案:是一组可以用于演示文稿的预设颜色,也可用于表格和图表。

(6) 模板:是一个已经保存的演示文稿文件。

### 7.1.1 PowerPoint 2010 的特点

#### 1. 强大的表现力

信息形式多媒体化,表现力强。利用 PPT 可以很方便地呈现多媒体信息,这是 PPT 最大的优点。使用 PPT 使信息形式不再仅仅是语言和文字,图片、表格、动画、音乐、影视等多媒体形式也可以方便地组合呈现。

#### 2. 简洁明了

相对于传统的大篇幅文档形式,PPT 只提取其中最精干的部分,配合图文、多媒体等辅助手段,使其更加简洁易懂,从而达到保持受众长时间的注意力集中、让受众能够在短时间内消化大量重要信息、提高工作效率等目的。

### 7.1.2 制作 PPT 的关键要素

#### 1. 目标明确

制作 PPT 的目的是为了尽可能地以简洁明了的方式传递核心信息,以便于日常工作中的沟通与交流,如图 7-1 所示。因此,在开始制作一个 PPT 之前必须要有一个明确的目标。

只有在目标明确的前提下,在制作过程中才不会偏离主题思想,制作出繁缛冗杂的幻灯片,也不会在一个演示文稿里加入过多的复杂问题。

### 2. 形式合理

PPT 一般有两种用法：一种是现场辅助演讲，另一种是直接发送给观众自行观看。因此想达到理想的效果，就需要针对不同的用法来使用合理的形式，如图 7-2 所示。

如果制作的 PPT 用于现场演讲，就要全力服务于演讲。制作的 PPT 要多用图表，少用文字，从而使演讲和演示相得益彰，还可以适当地运用特效及动画等功能，使演示效果更加丰富多彩。如果是发送给相关人员阅读的演示文稿，则必须使用简洁、清晰的文字引领读者理解制作者的思路。

图 7-1　制作 PPT 应当目标明确　　　　图 7-2　制作 PPT 应当形式合理

### 3. 逻辑清晰

制作 PPT 的时候既要使内容齐全、简洁、清晰，又必须建立清晰、严谨的逻辑，如图 7-3 所示。做到逻辑清晰，可以遵循幻灯片的结构逻辑，也可以运用常见的分析图表法。运用常见的分析图表法便于带领观众共同分析复杂的问题。常用的流程图和矩阵图等可以帮助排除情绪干扰，进一步理清思路和寻找解决方案。通过运用分析图表法可以使演讲者表达更清晰，也使观众更便于理解。

### 4. 美观大方

要想使制作的 PPT 美观大方，就必须在色彩与布局方面进行合理的设计。PPT 制作者在设置色彩时，应运用和谐但不张扬的颜色搭配。可以使用一些标准色，因为这些颜色都是大众所接受的颜色。同时，制作 PPT 时应尽量避免使用相近的颜色。幻灯片的布局要简单、大方，将重点内容放在显著的位置，以便使观众一眼就能够看到。

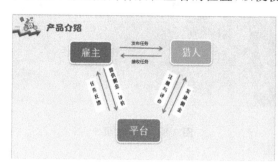

图 7-3　制作 PPT 应当逻辑清晰　　　　图 7-4　制作 PPT 应当美观大方

## 7.1.3　制作 PPT 的注意事项

一个 PPT 是否优秀的关键在于制作者是否充分理解了 PPT 的设计思想，做不出好的

PPT 的原因往往在于对于 PPT 的用途、思路还有逻辑认识不够清晰彻底,导致在表达方式、感官传递上出现误差,其主要体现在以下几个方面。

(1) 使用大量密布的文字来传递信息,如图 7-5 所示。

(2) 幻灯片中的不同色彩过于近似或是色彩过于复杂,如图 7-6 所示。

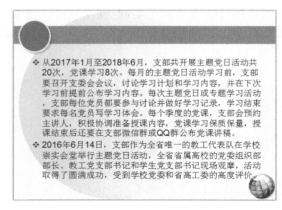

图 7-5　使用了过多的文字

图 7-6　使用了近似或复杂的色彩

(3) 使用的图片与内容不贴切,如图 7-7 所示。

### 7.1.4　PPT 的结构

一个完整的 PPT 应包含首页、引言、目录、章节过渡页、正文、结束页等内容。

#### 1. 首页

首页是幻灯片的第一页,主要用于展示该 PPT 的名称、用途、目的、作者信息以及日期等相关信息,如图 7-8 所示。

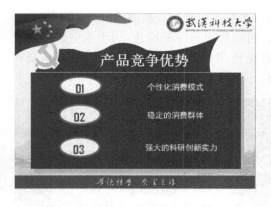

图 7-7　使用的图片与内容不贴切

图 7-8　PPT 首页

#### 2. 引言

此页面主要用于介绍 PPT 的主要内容以及核心思想等相关信息,也可以进行相关的 LOGO 展示或其他非正文内容展示,从而让观众对 PPT 有一个大致的直观了解,便于后续的深入讲解,如图 7-9 所示。

### 3. 目录

目录主要是用来列举出 PPT 的主要内容,并可以通过添加超链接的方式来从目录直接进入相应的各个章节,如图 7-10 所示。

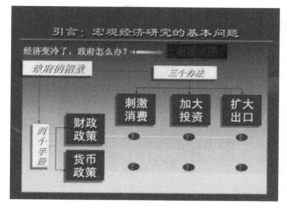

图 7-9　PPT 引言

图 7-10　PPT 目录

### 4. 章节过渡页

章节过渡页的主要作用是承上启下,其内容上要力求简洁突出,如图 7-11 所示。或者可以将章节过渡页留白来作为观众的休息、重新聚焦的环节。

### 5. 正文

正文页面主要用于显示每一章节的主要内容,可以使用图形、表格、动画、视频等方式来吸引观众的注意力,达到传递信息的目的,切忌使用大量文字来消耗观众精力,造成视觉疲劳,如图 7-12 所示。

图 7-11　PPT 章节过渡页

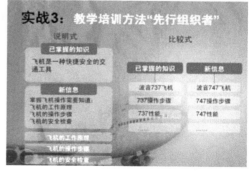

图 7-12　PPT 正文

### 6. 结束页

结束页作为幻灯片的结尾,一般用于向观众表示谢意,如图 7-13 所示。

图 7-13　PPT 结束页

## 7.2　演示文稿的基本操作

### 7.2.1　启动与退出 PowerPoint

**1. 启动** PowerPoint

选择【开始】/【所有程序】/【Microsoft Office】/【Microsoft PowerPoint 2010】命令,如图 7-14 和图 7-15 所示。

图 7-14　启动 PowerPoint 一

图 7-15　启动 PowerPoint 二

**2. 退出** PowerPoint

 **方法一**　　选择【文件】/【退出】命令,如图 7-16 所示。

**方法二**　　单击应用程序右上角的关闭按钮,如图 7-17 所示。

### 7.2.2　新建空白演示文稿

选择【文件】/【新建】/【空白演示文稿】/【创建】命令,如图 7-18 所示。

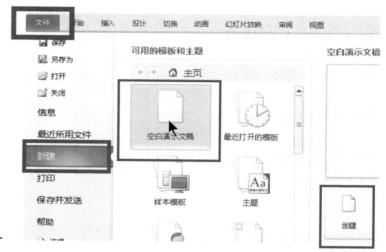

图 7-16 退出 PowerPoint 方法一

图 7-18 新建空白演示文稿

图 7-17 退出 PowerPoint 方法二

### 7.2.3 打开现有的演示文稿

选择【文件】/【打开】命令,如图 7-19 所示。

## 7.3 编辑幻灯片

### 7.3.1 选择幻灯片

(1)选择单张幻灯片:单击相应幻灯片即可选中。 图 7-19 打开现有的演示文稿

(2)选择连续多张幻灯片:选中第一张幻灯片,按住 Shift 键的同时点击最后一张幻灯片即可选中。

(3)选择非连续幻灯片:按住 Ctrl 键依次选择各张幻灯片。

### 7.3.2 新建与删除幻灯片

**1. 新建幻灯片**

**方法一** 选择【开始】/【新建幻灯片】,在下拉列表中选择合适的 Office 主题,如图 7-20 所示。

**方法二** 右击幻灯片,在弹出的快捷菜单中选择【新建幻灯片(N)】命令,如图 7-21 所示。

**方法三** 直接按回车键(Enter 键)。

**2. 删除幻灯片**

**方法一** 右击幻灯片,在弹出的快捷菜单中选择【删除幻灯片(D)】命令,如图 7-22

所示。

**方法二** 选中幻灯片,然后按 Backspace 键(退格键)或 Delete 键(删除键)。

### 7.3.3 复制幻灯片

**1.本文档内复制幻灯片**

右击幻灯片,在弹出的快捷菜单中选择【复制幻灯片(A)】命令,如图 7-23 所示。

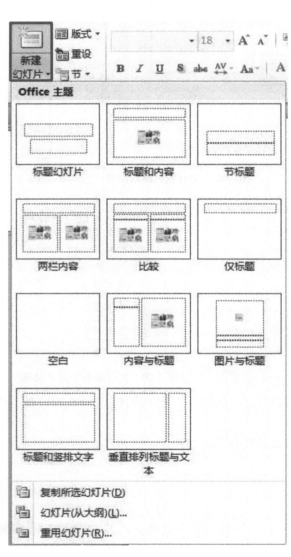

图 7-20　新建幻灯片方法一

图 7-21　新建幻灯片方法二

图 7-22　删除幻灯片

图 7-23　复制幻灯片

**2.不同文档间复制幻灯片**

右击某一文档中的幻灯片,在弹出的快捷菜单中选择【复制(C)】命令,如图 7-24(a)所示,然后在另一文档中合适的位置右击,在弹出的快捷菜单中选择【粘贴选项:使用目标主题(H)】,如图 7-24(b)所示。

(a)　　　　　　　　　　　　(b)

图 7-24　在不同的文档间复制幻灯片

## 7.3.4　移动幻灯片

**方法一**　用光标直接拖曳幻灯片进行移动。

**方法二**　右击幻灯片,在弹出的快捷菜单中选择【剪切(T)】命令,然后在合适的位置右击,在弹出的快捷菜单中选择【粘贴选择:使用目标主题(H)】命令。

## 7.3.5　保存演示文稿

选择【文件】/【保存】/【另存为】命令,可以保存演示文稿,如图 7-25 所示。

> **注意**:保存和另存为命令的区别。保存和另存为命令,在初次编辑文件时,没有什么区别,都是保存。当编辑再次打开的文件时,保存会覆盖当前的文件,而另存为会重新生成一个新文件,对原来的文件不会产生影响。

## 7.3.6　启动与退出幻灯片放映

### 1.启动幻灯片放映

**方法一**　选择【幻灯片放映】/【从头开始】/【从当前幻灯片开始】命令,如图 7-26 所示。

图 7-25　保存演示文稿　　　　　　图 7-26　启动幻灯片放映一

**方法二**　在状态栏单击幻灯片放映按钮,单击此按钮可以实现从当前幻灯片开始放映,如图 7-27 所示。

### 2.退出幻灯片放映

按 ESC 键即可退出放映。

图 7-27　启动幻灯片放映二

### 7.3.7 输入文字

**1. 通过占位符输入文本**

直接点击占位符，即可在其中输入文本，如图 7-28 所示。

单击此处添加标题

单击此处添加副标题

图 7-28　通过占位符输入文本

**2. 利用文本框输入文本**

选择【插入】/【文本框】命令，如图 7-29 所示。

图 7-29　利用文本框输入文本

### 7.3.8　调整文本框大小及设置文本框格式

**1. 调整文本框大小**

**方法一**　当光标变为双向箭头时，用光标直接拖动文本框控制点即可对文本框大小进行调整。

**方法二**　选中文本框，然后在【绘图工具/格式】选项卡的【大小】选项组中对高度和宽度进行精确设置数值，如图 7-30 所示。

**2. 设置文本框格式**

选中文本框，然后在【绘图工具/格式】选项卡区的【形状样式】选项组中选择【形状填充】、【形状轮廓】、【形状效果】命令即可进行设置，如图 7-31 所示。

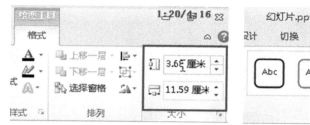

图 7-30　调整文本框的大小

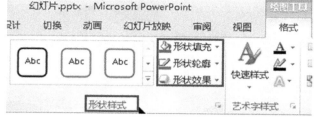

图 7-31　设置文本框格式

## 7.3.9　选择文本及文本格式化

### 1. 选择文本

**方法一**　通过拖动光标来选择文本。

**方法二**　选中文本框也可以选择该文本框内的文本。

### 2. 设置文本格式

选中文本，在【开始】选项卡的【字体】选项组中进行设置，如图 7-32 所示。

图 7-32　设置文本格式

在【字体】对话框中可以对文本进行更加详细地设置，如图 7-33 所示。

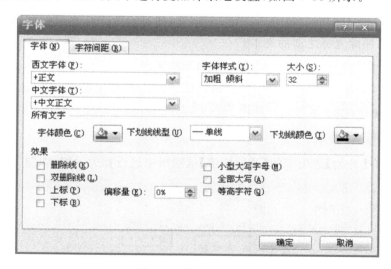

图 7-33　【字体】对话框

## 7.3.10　复制和移动文本

### 1. 本文档内复制文本

选中文本，选择【开始】/【复制】命令，然后选择合适位置，选择【开始】/【粘贴】/【粘贴选项：只保留文本】命令，如图 7-34 所示。

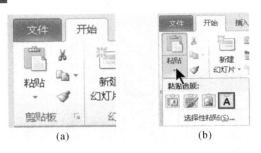

(a)　　　　　　　　(b)

**图 7-34　本文档内复制文本**

**2. 本文档内移动文本**

选中文本,选择【开始】/【剪切】命令,然后选择合适的位置,选择【开始】/【粘贴】/【粘贴选项:只保留文本】命令。

**3. 不同文档间复制文本**

右击选中的文本,在弹出的快捷菜单中选择【复制(C)】命令,然后在合适的位置右击,在弹出的快捷菜单中选择【粘贴选项:只保留文本】命令。

**4. 不同文档间移动文本**

右击选中的文本,在弹出的快捷菜单中选择【剪切(T)】命令,然后在合适的位置右击,在弹出的快捷菜单中选择【粘贴选项:只保留文本】命令。

## 7.3.11　删除与撤销删除文本

**1. 删除文本**

**方法一**　选中文本,按 Delete 键(删除键)或者 Backspace 键(退格键)。

**方法二**　定位光标,按 Delete 键(删除键)即可删除光标之后的文本,按 Backspace 键(退格键)即可删除光标之前的文本。

**图 7-35　撤销删除文本**

**2. 撤销删除文本**

点击快速访问工具栏上的撤销按钮即可撤销删除,如图 7-35 所示。

## 7.3.12　设置段落格式

选中文本,在【开始】选项卡的【开始段落】选项组中进行相关设置,如图 7-36 所示。

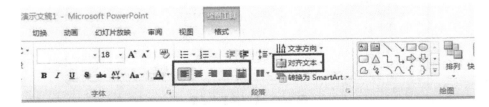

**图 7-36　设置段落格式**

## 7.3.13　添加项目符号和编号

选中文本,在【开始】选项卡的【段落】选项组中,利用【项目符号】和【项目编号】按钮即可进行设置,如图 7-37 所示。

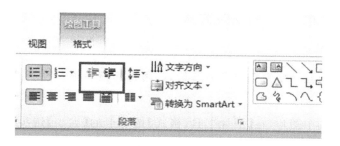

图 7-37　添加项目符号和编号

## 7.3.14　插入图片

**方法一**　选择【插入】/【图片】命令，如图 7-38 所示。

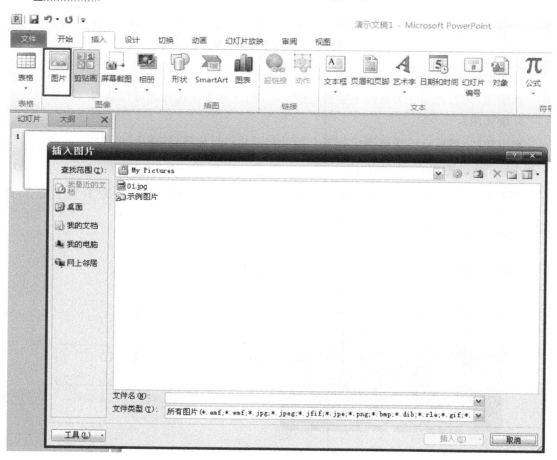

图 7-38　插入图片方法一

**方法二**　利用复制/粘贴命令插入图片。

右击选中的图片，在弹出的快捷菜单中选择【复制（C）】命令，然后在合适的位置右击，在弹出的快捷菜单中选择【粘贴选项：图片】命令，如图 7-39 所示。

图 7-39　插入图片方法二

### 7.3.15 调整图片的大小、位置及旋转

**1.调整图片大小**

**方法一** 当光标变为双向箭头形状时,用光标拖动图片控制点即可对图片的大小进行粗略设置。

**方法二** 选中图片,在【图片工具/格式】选项卡的【大小】选项组中的【高度】和【宽度】文本框中可以精确设置其数值,如图 7-40 所示。

图 7-40 调整图片的大小

**2.调整图片位置**

选中图片,当光标变为双向十字箭头形状时,用光标直接拖动即可移动图片位置。

**3.旋转图片**

选中图片,然后点击顶部圆形控制点即可对图片进行旋转,如图 7-41 所示。

### 7.3.16 设置图片的叠放次序

选中图片,在【图片工具/格式】选项卡的【排列】选项组中选择【上移一层】(置于顶层)或【下移一层】(置于底层)即可设置,如图 7-42 所示。

图 7-41 旋转图片

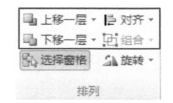

图 7-42 设置图片的叠放次序

点击【选择窗格】按钮,在右侧的【选择和可见性】面板中,我们可以对幻灯片对象的可见性和叠放次序进行调整,如图 7-43 所示。

### 7.3.17 图片的裁剪

选中图片,在【图片工具/格式】选项卡中的【大小】选项组的【裁剪】下拉菜单中进行设置,有如下三种裁剪方式。

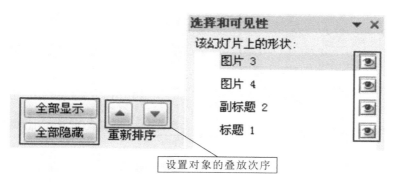

图 7-43　设置可见性和叠放次序

（1）按纵横比裁剪图片，选择【纵横比（A）】命令，如图 7-44 所示。

（2）自由裁剪图片，选择【裁剪（C）】命令，如图 7-45 所示。

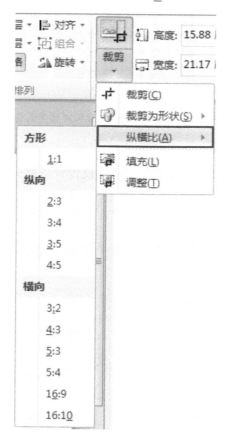

图 7-44　按纵横比裁剪图片

图 7-45　自由裁剪图片

（3）将图片裁剪为不同的形状，选择【裁剪为形状（S）】命令，如图 7-46 所示。

## 7.3.18　亮度和对比度调整

选中图片，在【图片工具/格式】选项卡中的【调整】选项组中点击【更正】按钮，在其下拉菜单的【亮度和对比度】栏可以进行设置，如图 7-47 所示。

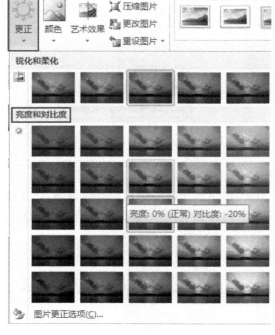

图 7-46　将图片裁剪为不同形状　　　　图 7-47　亮度和对比度调整

### 7.3.19　设置幻灯片背景

选择【设计】/【背景样式】/【设置背景格式(B)...】命令,弹出【设置背景格式】对话框,在【填充】选项卡中可以进行相关设置,如图 7-48 所示。

### 7.3.20　插入艺术字

在【插入】选项卡的【文本】选项组中点击【艺术字】按钮,在下拉菜单中选择艺术字的形式,如图 7-49 所示。

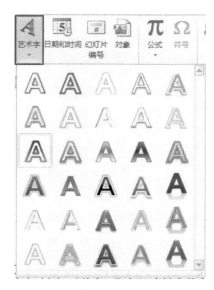

图 7-48　设置幻灯片背景　　　　　　　图 7-49　插入艺术字

## 7.3.21　设置艺术字格式

选中艺术字,在【绘图工具/格式】选项卡中的【艺术字样式】选项组中可以进行设置,有快速样式、文本填充、文本轮廓、文本效果等几种方式,如图 7-50 所示。

## 7.3.22　绘制自选图形

在【插入】选项卡的【插图】选项组中的【形状】下拉菜单中可进行设置,如图 7-51 所示。

图 7-50　设置艺术字格式　　　　　　图 7-51　绘制自选图形

### 1. 调整自选图形大小

**方法一**　　选中自选图形,当光标变为双向箭头形状时,用光标拖动控制点即可粗略调整其大小。

**方法二**　　选中自选图形,在【绘图工具/格式】选项卡的【大小】选项组中的【高度】和【宽度】文本框中可精确设置数值大小。

### 2. 调整自选图形位置

选中自选图形,光标变为十字双向箭头时,用光标直接拖动即可调整其位置。

## 7.3.23　设置自选图形样式/为自选图形添加文本

### 1. 设置自选图形样式

选中自选图形,在【绘图工具/格式】选项卡的【形状样式】选项组中,可以通过快翻按钮、形状填充、形状轮廓、形状效果等按钮来设置,如图 7-52 所示。

### 2. 为自选图形添加文本

右击自选图形,在弹出的快捷菜单中选择【编辑文字(X)】命令,如图 7-53 所示,即可在如图 7-54 所示的图形中添加文本。

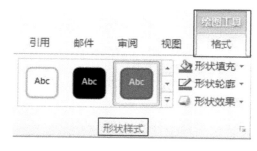

图 7-52　设置自选图形样式

图 7-53　选择【编辑文字(X)】命令

### 7.3.24　调整自选图形叠放次序

选中自选图形,在【绘图工具/格式】选项卡的【排列】选项组中,使用【上移一层】(置于顶层)和【下移一层】(置于底层)按钮可以进行设置,如图 7-55 所示。

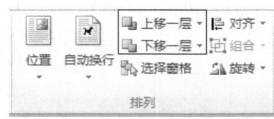

图 7-54　为自选图形添加文本　　　　　　　　图 7-55　调整自选图形叠放次序

## 7.4　表格

### 7.4.1　创建表格

**1. 插入表格**

在【插入】选项卡的【表格】下拉列表中可以进行设置,如图 7-56 所示。

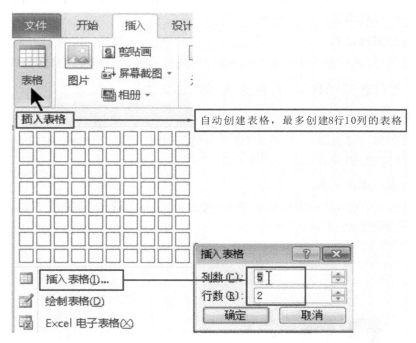

图 7-56　插入表格

**2. 绘制表格**

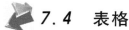 选择【插入】/【表格】/【绘制表格(D)】命令,如图 7-57(a)所示。

**方法二** 在【表格工具/设计】选项卡的【绘图边框】选项组中，点击【绘制表格】和【擦除】按钮可以来绘制表格，如图 7-57(b)所示。

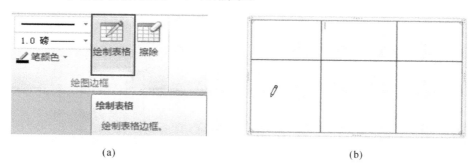

(a)                                           (b)

图 7-57　绘制表格

## 7.4.2　设置行高和列宽

**方法一** 将光标放在行或列的分割线上，当其变为双向箭头时即可粗略地调整行高或列宽。

**方法二** 选中行或列，在【表格工具/布局】选项卡的【单元格大小】选项组中的【高度】和【宽度】文本框中，可以精确设置数值，如图 7-58 所示。

## 7.4.3　调整表格位置/在单元格中输入文本

### 1. 调整表格位置

将光标定位在表格边框上，当光标变为十字双箭头形状时即可移动表格的位置。

### 2. 在单元格中输入文本

将光标定位在某一单元格内即可进行文本输入。

## 7.4.4　设置字体格式

### 1. 设置表格内字体的格式

选中表格（将光标定位在表格边框上，当光标变为十字双箭头形状时单击边框即可选中表格），在【开始】选项卡的【字体】选项组中，可以进行字号、字体、颜色、加粗、倾斜等参数的设置，如图 7-59 所示。

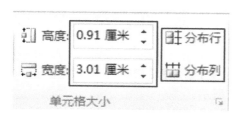

图 7-58　设置行高和列宽

图 7-59　设置字体格式

### 2. 文字对齐方式

选中文本，在【表格工具/布局】选项卡的【对齐方式】选项组中可以进行设置，如图 7-60 所示。

**3. 设置文本方向**

选中文本,在【表格工具/布局】选项卡的【对齐方式】选项组中【文字方向】下拉列表中进行设置,如图 7-61 所示。

 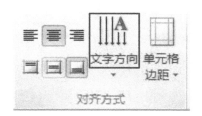

图 7-60  设置文字对齐方式          图 7-61  设置文本方向

## 7.4.5  表格样式

将光标定位在表格内,在【表格工具/设计】选项卡的【表格样式】选项组中,选择快翻按钮、【底纹】按钮和【边框】按钮可以设置表格样式,如图 7-62 所示。

图 7-62  设置表格样式

## 7.4.6  插入或删除行/列

**1. 插入行**

将光标定位到相应的单元格,在【表格工具/布局】选项卡的【行和列】选项组中,分别点击【在上方插入】、【在下方插入】按钮,可以插入行,如图 7-63 所示。

**2. 插入列**

将光标定位到相应的单元格,在【表格工具/布局】选项卡的【行和列】选项组中,分别点击【在左侧插入】【在右侧插入】按钮,可以插入列,如图 7-63 所示。

**3. 删除行/列**

将光标定位到相应的单元格,选择【表格工具/布局】/【删除】/【删除行(R)】或【删除列(C)】命令,即可完成删除行和删除列的操作,如图 7-64 所示。

##  *7.5*  音/视频处理

## 7.5.1  插入音频

选择【插入】/【音频】/【文件中的音频(F)】...或【剪贴画音频(C)】...或【录制音频(R)】...命令,即可插入音频,如图 7-65 所示。

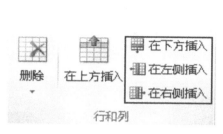

图 7-63　插入行和列　　　图 7-64　删除行/列　　　图 7-65　插入音频

## 7.5.2　声音图标大小、位置调整

### 1. 调整声音图标大小

**方法一**　当光标变为双向箭头形状时，用光标直接拖动图标控制点即可粗略调整大小，如图 7-66 所示。

**方法二**　选中图标，在【音频工具/格式】选项卡的【大小】选项组中的【高度】和【宽度】文本框中可以精确设置数值，如图 7-67 所示。

### 2. 调整声音图标位置

选中图标，当光标变为十字双向箭头时，用光标直接拖动即可调整声音图标的位置。

## 7.5.3　设置音频文件

### 1. 调整声音图标颜色

选中声音图标，在【音频工具/格式】选项卡的【调整】选项组中【颜色】下拉列表中来设置声音图标的颜色，如图 7-68 所示。

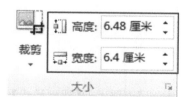

图 7-66　调整声音图标大小方法一　图 7-67　调整声音图标大小方法二　图 7-68　调整声音图标的颜色

139

### 2. 设置音频文件

选中声音图标，在【音频工具/播放】选项卡的【音频】选项组中的【开始】下拉列表中来设置音频文件，有【自动（A）】、【单击时（C）】、【跨幻灯片播放】等几个选项供选择，如图 7-69 所示。

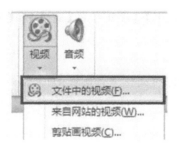

图 7-69　设置音频文件

图 7-70　插入视频

### 7.5.4　插入视频

PowerPoint 中支持的视频格式有：swf、avi、mpg、wmv等，其他格式的视频需要转化为 PowerPoint 支持的格式才能插入到幻灯片，如格式工厂等。

选择【插入】/【视频】/【文件中的视频（F）...】命令，可以完成插入视频的操作，如图 7-70 所示。

### 7.5.5　调整视频大小、样式并调试

**1. 调整视频大小**

**方法一**　当光标变为双向箭头形状时，用光标直接拖动控制点即可粗略调整大小。

**方法二**　选中视频，在【视频工具/格式】选项卡的【大小】选项组中的【高度】和【宽度】文本框中，可以精确设置数值，如图 7-71 所示。

**2. 设置视频样式**

选中视频，在【视频工具/格式】选项卡的【视频样式】选项组中，选择快翻按钮或【视频形状】、【视频边框】、【视频效果】按钮，可以设置视频样式，如图 7-72 所示。

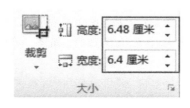

图 7-71　调整视频的大小

图 7-72　设置视频样式

*7.6* 动画设置

PowerPoint 的动画分为四种效果,即进入效果、强调效果、退出效果、动作路径效果等,如图 7-73 所示。进入效果是动画从无到有的过程,强调效果是强调该动画出现后的效果,退出效果是定义动画逐渐消失的过程,动作路径效果是根据用户自己的需要设置特定的动作路径,其动画设置更灵活。下面以进入动画为例,介绍常见的动画效果的设置方法。

图 7-73　动画效果

### 7.6.1　文本进入效果

**1. 效果设置**

选中文本对象,在【动画】选项卡的【动画】选项组中点击快翻按钮,在下拉列表中的【进入】栏,选择合适的效果,如图 7-74 和图 7-75 所示。

图 7-74　效果设置一

图 7-75　效果设置二

**2. 方向设置**

选中文本对象,在【动画】选项卡的【动画】选项组中的【效果选项】下拉列表中设置方向,如图 7-76 所示。

**3. 动画持续时间**

选中文本对象,在【动画】选项卡的【计时】选项组中的【持续时间】文本框中输入动画持续的时间,如图 7-77 所示。

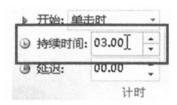

图 7-76 方向设置　　　　图 7-77 设置动画持续时间

### 7.6.2 设置文本飞入方式

**1. 文本整批飞入设置**

选中文本对象,在【动画】选项卡的【动画】选项组中点击快翻按钮,在下拉列表中的【进入】栏选择【飞入】效果。

**2. 文本按字母飞入设置**

选中文本对象,在【动画】选项卡的【动画】选项组中点击快翻按钮,在下拉列表中的【进入】栏选择【飞入】效果。

选中文本对象,在【动画】选项卡的【高级动画】选项组中点击【动画窗格】按钮,在弹出的【动画窗格】面板中的下拉菜单中选择【效果选项(E)...】命令,弹出【飞入】对话框,在【效果】选项卡的【方向(R)】下拉列表中选择【自右侧】,在【动画文本(X)】下拉列表中选择【按字母】,将【字母之间延迟百分比(D)】设置为【50】,在如图 7-78 所示。在【计时】选项卡的【期间(N)】下拉列表中选择【快速(1 秒)】,如图 7-79 所示。

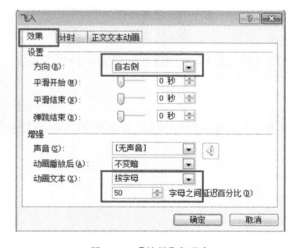

图 7-78 【效果】选项卡　　　　图 7-79 【计时】选项卡

### 7.6.3　文本对象的其他进入效果

选中文本对象,在【动画】选项卡的【动画】选项组中点击快翻按钮,在弹出的下拉列表中选择【更多进入效果(E)...】命令,弹出如图 7-80 所示的【添加进入效果】对话框。

### 7.6.4　图片等其他对象的进入效果设置

#### 1.设置图片等其他对象的进入效果

选中对象,在【动画】选项卡的【动画】选项组中点击快翻按钮,在弹出的下拉列表中选择【更多进入效果(E)...】命令,如图 7-81 所示。

图 7-80　【添加进入效果】对话框

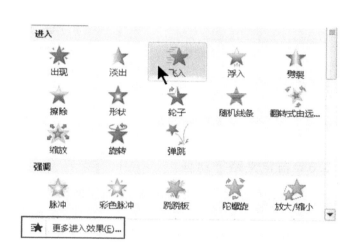

图 7-81　选择【更多进入效果(E)...】命令

#### 2.设置入场动画的声音

选中对象,【动画】选项卡的【高级动画】选项组中点击【动画窗格】按钮,在弹出的【动画窗格】面板中的下拉菜单中选择【效果选项(E)...】命令,如图 7-82 所示。弹出【弹跳】对话框,在【效果】选项卡的【声音(S)】下拉列表中选择需要的声音效果,如图 7-83 所示。

图 7-82　选择【效果选项(E)...】命令

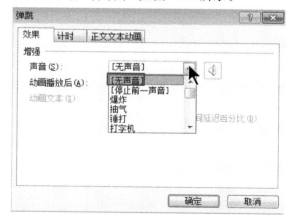

图 7-83　【弹跳】对话框

### 7.6.5 动画的开始方式

**1.设置动画的开始方式**

选中对象,在【动画】选项卡的【计时】选项组的【开始】下拉菜单中选择相应的动画开始方式。其中,包括【单击时】、【与上一动画同时】和【上一动画之后】等选项,其功能具体介绍如下。

(1)单击时:指单击鼠标后开始动画。

(2)与上一动画同时:指与上一个动画同时呈现。

(3)上一动画之后:指上一个动画出现后自动呈现。

**2.对动画重新排序**

选中对象,在【动画】选项卡的【计时】选项组的【对动画重新排序】栏进行设置,可点击【向前移动】和【向后移动】按钮来对动画进行重新排序,如图 7-85 所示。

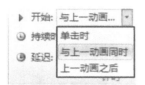

图 7-84  设置动画的开始方式    图 7-85  对动画重新排序

### 7.6.6 自定义路径动画

自定义路径动画设置非常灵活,通过发挥设计者的想象力,可以定义任意路径的动画。例如,图 7-86 所示的演示文稿中加入了三只小鸟,通过自定义路径动画,可以描绘出三只活灵活现的小鸟,一只从下面飞出来,另外两只在枝头稍微移动了一下。设置自定义路径动画的时候需要手绘小鸟移动的路径,自定义动画设置结束后,路径的起始点会自动显示一个绿色的小三角形,终点会显示一个红色的小三角形,起点和终点间用一根虚线进行连接,如图7-86 所示。

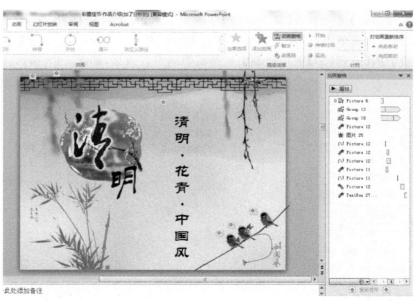

图 7-86  自定义路径动画

具体设置方法为:选中要移动的对象,在【动画】选项卡的【动画】选项组中点击快翻按钮,弹出下拉菜单。点击【动作路径】栏的【自定义路径】按钮,如图 7-87 所示。此时,光标变为画笔,在界面中绘制任意的路径即可定义动画路径。

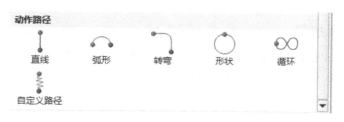

图 7-87  自定义路径

### 7.6.7  删除动画

选中设置动画的对象,在【动画】选项卡的【高级动画】选项组中点击【动画窗格】按钮,弹出【动画窗格】面板,在其中的下拉列表中选择【删除(R)】命令,如图 7-88 所示,即可删除动画。

图 7-88  删除动画

## 7.7  页面切换

### 7.7.1  切换方式

选中幻灯片,在【切换】选项卡的【切换到此幻灯片】选项组中点击快翻按钮(见图 7-89),可以选择切换方式,如图 7-90 所示。

图 7-89  【切换到此幻灯片】选项组

图 7-90  选择切换方式

### 7.7.2 切换音效及换片方式

选中幻灯片,在【切换】选项卡的【计时】选项组中,可对【声音】和【换片方式】进行设置,如图 7-91 所示。

### 7.7.3 添加翻页按钮

在【插入】选项卡的【插图】选项组中点击【形状】按钮,在弹出的下拉菜单中的【动作按钮】栏可以选择需加入的翻页按钮,如图 7-92 所示。

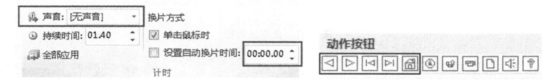

图 7-91  切换音效和换片方式                    图 7-92  添加翻页按钮

选中翻页按钮后,在界面中点击鼠标,则弹出【动作设置】对话框,如图 7-93 所示。在其中可以设置所添加的翻页按钮的效果。

图 7-93  【动作设置】对话框

## 7.8  幻灯片母版的设置

### 7.8.1  幻灯片母版编辑

演示文稿的母版非常重要,一个好的 PPT 制作者往往会先设置好母版,再退出母版视图,进入普通幻灯片视图编辑单张幻灯片。编辑好的母版可以实现整个演示文稿风格的统一,效率大大提高,修改起来也只需要修改母版即可。

选择【视图】/【幻灯片母版】命令,如图 7-94 所示。

此时,选项区出现了【幻灯片母版】选项卡,同时功能区最右边的按钮也变成了【关闭母版视图】,如图 7-95 所示。

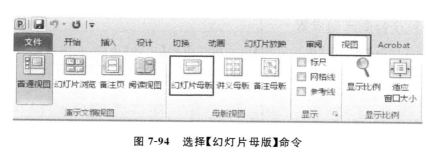

图 7-94　选择【幻灯片母版】命令

图 7-95　【幻灯片母版】选项卡

## 7.8.2　设置背景样式

在【幻灯片母版】选项卡【背景】选项组中点击【背景样式】按钮，在下拉菜单中选择一种背景样式，如图 7-96 所示。

图 7-96　选择背景样式

然后在下拉菜单中点击【设置背景格式（B）...】按钮，在弹出的【设置背景格式】对话框中可以进行各种细节调整，如图 7-97 所示。也可以点击图片按钮设置图片为背景。

图 7-97　设置背景格式

### 7.8.3  幻灯片母版主题设置

在【幻灯片母版】选项卡【编辑主题】选项组中点击【主题】按钮,在弹出的下拉菜单中选择合适的主题,如图 7-98 所示。也可以选择合适的颜色、字体以及效果等。

**图 7-98  设置母版主题**

### 7.8.4  幻灯片母版版式设置

**1.设置标题以及页脚**

在【幻灯片母版】选项卡【母版版式】选项组中,通过勾选或取消相应选项来进行控制,如图 7-99 所示。

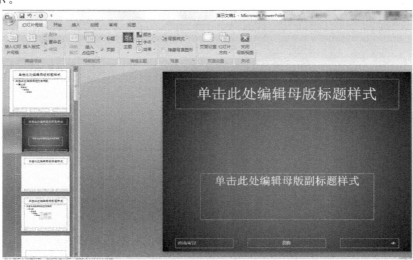

**图 7-99  设置标题及页脚**

### 2. 占位符

在【幻灯片母版】选项卡【母版版式】选项组中点击【插入占位符】按钮，在弹出的下拉菜单中点击相应需要的占位内容，再在母版相应位置框出指定区域，如图 7-100 所示。

**图 7-100　插入占位符**

## 7.9　演示文稿的几种播映方式

### 7.9.1　基本放映

#### 1. 循环放映

在【幻灯片放映】选项卡【设置】选项组中点击【设置幻灯片放映】按钮，如图 7-101 所示。在弹出的【设置放映方式】对话框中选中【循环放映，按 ESC 键终止（L）复选框，如图 7-102 所示。

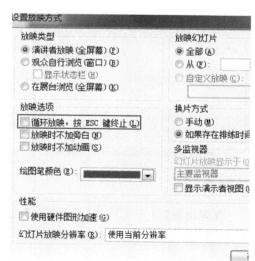

**图 7-101　点击【设置幻灯片放映】按钮**　　　　**图 7-102　选择放映方式**

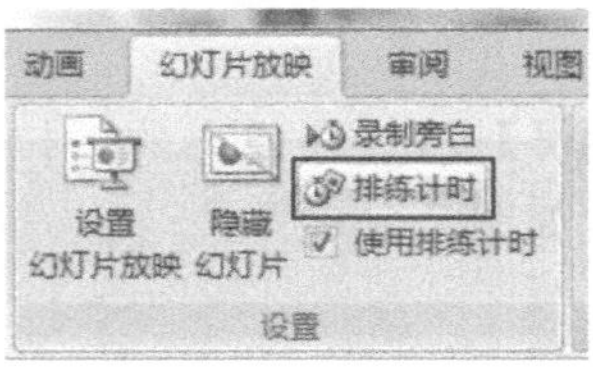

图 7-103 排练计时

在【幻灯片放映】选项卡【设置】选项组中点击【排练计时】按钮，录制所需排练计时，如图 7-103 所示。

或者在【动画】选项卡中选中【在此之后自动设置动画效果】复选框，并在后面的文本框上输入所需页面停留时间，如图 7-104 所示。

图 7-104 自动设置动画效果

**2. 由演讲者放映**

使用鼠标来控制幻灯片的放映，需在【幻灯片放映】选项卡【设置】选项组中点击【设置幻灯片放映】按钮，在弹出的【设置放映方式】对话框中选中【演讲者放映（全屏幕）(P)】单选框。这是默认放映方式，不需要进行设置。

### 7.9.2 自定义放映

自定义放映就是可以将演示文稿分为几个部分，并为各部分设置自定义演示，组成一些子文稿，根据需要进行放映。设置自定义放映的方法如下。

（1）选择【幻灯片放映】/【自定义幻灯片放映】/【自定义放映(W)...】命令，在弹出的【自定义放映】对话框中单击【新建(N)...】按钮，如图 7-105 所示。

（2）在【定义自定义放映】对话框中【幻灯片放映名称(N)】文本框中输入放映名称，在【在演示文稿中的幻灯片(P)】中选择要添加到自定义放映中的幻灯片，点击【添加(A)】按钮完成后单击【确定】按钮，如图 7-106 所示。

图 7-105 设置自定义放映

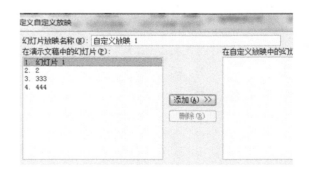

图 7-106 定义自定义放映

150

在弹出的【自定义放映】对话框的【自定义放映(U)】栏中选中【自定义放映 1】，然后点击【放映(S)】按钮，如图 7-107 所示。

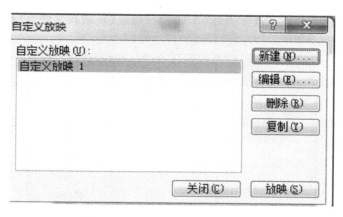

图 7-107　完成自定义放映的设置

## 7.10　打包演示文稿

PowerPoint 提供的"打包成 CD"功能，可以将演示文稿及与其关联的文件、字体等打包，这样一来，即使其他计算机中没有安装 PowerPoint 程序，也可以正常播放演示文稿。

选择【文件】/【保存并发送】/【将演示文稿打包成 CD】/【打包成 CD】命令，如图 7-108 所示。

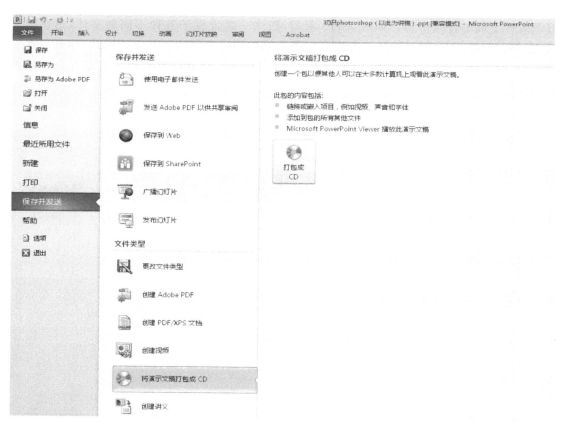

图 7-108　打包成 CD 命令

在弹出的【打包成 CD】对话框中,点击【添加(A)...】按钮可添加多个演示文稿,点击【选项(O)...】按钮可设置密码,点击【复制到 CD(C)】按钮或【复制到文件夹(F)...】按钮即可完成打包,如图 7-109 所示。

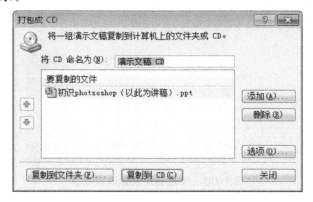

图 7-109 【打包成 CD】对话框

 ## 7.11 典型案例

### 7.11.1 幻灯片母版定义统一风格

在演示文稿的母版视图下,我们可以快速定义整个演示文稿的背景图片并一次性设置好幻灯片下面的各级字体。如图 7-110 所示,图中一共设置了五种不同的字体,退出母版后,在单张幻灯片上,可以通过左右拖拉实现直接引用定义好的这些字体样式,达到一次定义,所有幻灯片可以共享共用的效果。定义幻灯片母版,可以让整个演示文稿保持一致的风格。

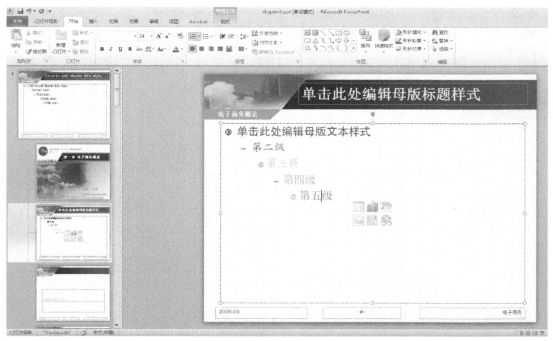

图 7-110 演示文稿的母版视图中设置幻灯片的五级字体样式

## 7.11.2 用讲义母版实现打印输出

讲义母版的作用主要是可以按讲义的格式打印演示文稿，每个页面可以包含 1、2、3、4、6 或 9 张幻灯片。

其设置方法为：打开幻灯片，选择【视图】/【讲义母版】命令。

在【讲义母版】选项卡中可设置如下参数。

（1）讲义方向，可设置为横向或纵向。

（2）幻灯片方向，可设置为横向或纵向。

（3）每页幻灯片数量，可以设置为 1、2、3、4、6、9 张。

（4）设置页眉、页脚、日期、页码等。

设置完成后，关闭母版视图，选择【文件】/【打印】，在【设置】栏选择相应的参数后即可打印，如图 7-111 所示。

图 7-111　设置讲义母版打印

## 7.11.3 自定义路径动画案例

如图 7-112 所示的幻灯片中，一轮月亮从左下方向右上方升起，为了使该动画制作得更加逼真，应注意以下几个方面：①月亮升起的路径需要用户自己绘制；②月亮升起之后大小会发生变化；③月亮本身的亮度会发生变化。具体绘制方法如下。

（1）设置月亮的动作路径动画，选择【动画】/【动作路径】/【自定义路径】，设置效果选项如图 7-113 所示。

（2）制作月亮在上升过程中大小变化的动画，选择【动画】/【强调】/【放大/缩小】，与上一个自定义路径动画同时开始，其大小缩小为原来的 80%，如图 7-114 所示。

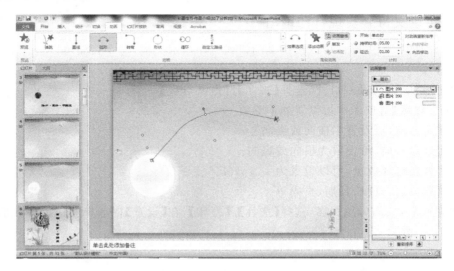

图 7-112　月亮升起的动画

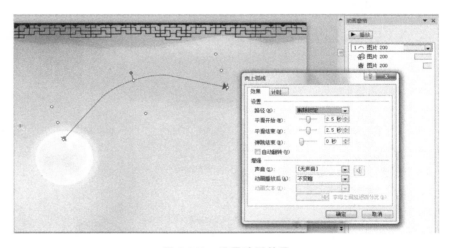

图 7-113　设置动画效果

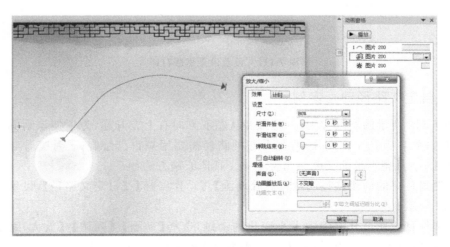

图 7-114　设置动画元素大小的变化

（3）制作月亮逐渐消失，光线变暗淡的动画，选择【动画】/【退出动画】/【淡出】效果，该动画与上一动画同时开始，设置一定的延时和快慢效果，其具体设置如图7-115所示。

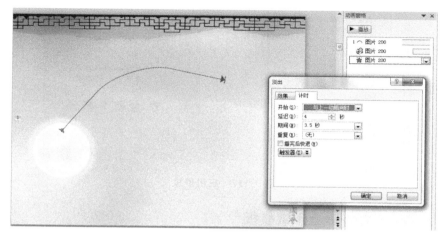

图7-115　设置淡出效果

## 7.11.4　创建并应用模板

### 1. 创建模板

PowerPoint中，我们可以把经常要用的一些演示文稿的公共部分或一些好的演示文稿制作成为自定义的模板，可以在该模板中的幻灯片视图下将统一的背景图片和字体等定义好，以后可以直接用这个模板来创建新的演示文稿，效率大为提升。例如，如图7-116所示的创建的模板文件为【我的模板.pptx】。

图7-116　创建模板

### 2. 应用模板

选择【文件】/【新建】，在【可用的模板和主题】栏中，根据实际情况分别执行如下操作。

（1）若要重复使用最近用过的模板，可单击【最近打开的模板】按钮。

（2）若要使用先前安装到本地驱动器上的模板，可请单击【我的模板】按钮，再选择所需的模板，然后单击【确定】按钮，如图7-117所示。

图 7-117　应用模板

## 7.11.5　从 Office Online 上下载模板

如果暂时没有合适的模板可以使用,可以选择【文件】/【新建】,在【Office.com 模板】栏中,选择一个模板,然后单击【下载】按钮将该模板从 Office 主页下载到本地驱动器,如图 7-118所示。

图 7-118　从 Office Online 上下载模板

## 7.11.6　排练计时与录制旁白

排练计时是一个非常好的功能,它可以让我们进行演讲的排练,还可以将旁白录音加进去,演讲者很容易知道自己消耗的时间,能够很好地控制节奏和语速。

如图 7-119 所示,选择【幻灯片放映】/【排练计时】命令,即进入排练计时的状态,在放映模式状态下,屏幕上多了一个计时器,此时作为演讲者,可以对演示文稿反复演练。按下【ESC】键退出时,系统会提示用户是否保存该次排练计时,如果保存,下次放映的时候可以直接应用排练计时,达到自动播放的效果。排练计时功能对于在时间控制比较严格的场合下应用很有帮助。

图 7-119　排练计时功能

如果演讲者无法到达现场,可以提前让演讲者在演示文稿加上录制的旁白。选择【幻灯片放映】/【录制幻灯片演示】命令,弹出【录制幻灯片演示】对话框,如果系统有麦克风,则选中【幻灯片和动画计时(T)】和【旁白和激光笔(N)】复选框,点击【开始录制(R)】按钮,如图7-120所示,此时演讲者的声音即可录入演示文稿,并配合演示文稿的节奏,达到即使演讲者未到场,仍然可以实现演示文稿的正常演示。

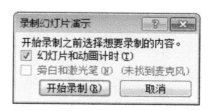

图 7-120　【录制幻灯片演示】对话框

如果某演示文稿本身保存有排练计时,下次使用的时候可以选择【幻灯片放映】/【设置幻灯片放映】,弹出【设置放映方式】对话框,在【换片方式】栏中选中【如果存在排练时间,则使用它(U)】单选框,如图 7-121 所示。

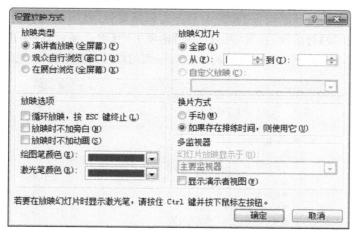

图 7-121　【设置放映方式】对话框

## 7.11.7　为演示文稿设置背景音乐

在有些场合需要为演示文稿添加背景音乐,其实这个不难实现。如图 7-122 所示,在演示文稿的第一张幻灯片上,选择【插入】/【音频】/【文件中的音频(F)...】命令。

图 7-122　选择【文件中的音频(F)...】命令

在弹出的【插入音频】对话框中，选择计算机中的音频文件，点击【插入(S)】按钮，即可快速把一个音乐文件插入第一张幻灯片中，如图 7-123 所示。

图 7-123 【插入音频】对话框

但此时的音频文件只在第一张幻灯片中播放，要想让它在整个演示文稿中连续播放，需要打开【动画窗格】面板，在【动画窗格】面板中右击该音频文件，在弹出的快捷菜单中选择【效果选项】，弹出【播放音频】对话框，在其中的【效果】选项卡中【停止播放】栏中选中【在(F) 张幻灯片后】单选框，并在其右侧的文本框中输入最后一张幻灯片的数字即可，如图 7-124 所示。

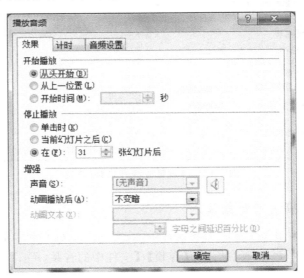

图 7-124 【播放音频】对话框

### 7.11.8 倒计时动画的案例

在新年即将到来之际，要实现一个倒计时的演示文稿，播放的时候自动倒计时"3、2、1、0"，然后出现"新年到了，祝大家新年快乐，万事如意!"的字样。

**实现方法** 新建演示文稿,在新的幻灯片中输入如图 7-125 所示的文本,然后,分别选中【3】、【2】、【1】、【0】,再分别选择【动画】/【进出】/【出现】命令。

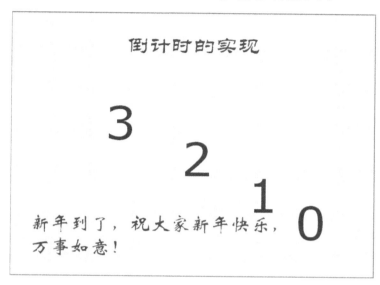

**图 7-125 倒计时演示文稿**

选中【3】、【2】、【1】、【0】,在右侧的【动画窗格】面板中相应的下拉菜单中选择【效果选项(E)...】命令,在弹出如图 7-126 所示的【出现】对话框【效果】选项卡中,选择【动画播放后(A)】的效果为【下次单击后隐藏】,同时在【动画窗格】面板中设置播放效果为【从上一项之后开始】,在【计时】选项卡中设置【延迟(D)】为 1 秒,以此来控制后一个动画播放刚好在前一个动画之后 1 秒开始。

**图 7-126 【出现】对话框**

在四个数字后面再添加一个祝福语的出现动画,设置完成后效果如图 7-127 所示。最后把四个数字拖动到一起重叠起来,这样既可以在同一位置显示动画,又可以实现倒计时效果。

## 7.11.9 比较与合并演示文稿

有两个相似的演示文稿,其中包含了很多相同的内容,如何快速对比这两个演示文稿的内容并进行整合? 这个时候可以利用 PowerPoint 自带的比较演示文稿功能。

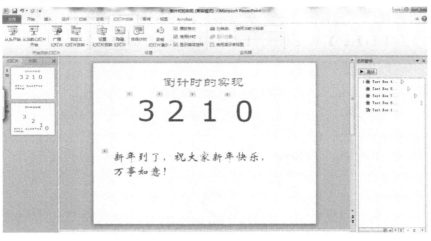

图 7-127　设置完成后的效果

**操作步骤**　打开要进行比较的其中一个演示文稿,然后选择【审阅】/【比较】命令,如图 7-128 所示,打开【选择要与当前演示文稿合并的文件】对话框,选择要进行比较的另一个演示文稿。

图 7-128　【审阅】选项区

单击对话框中的【合并(M)】按钮,将所选择的演示文稿合并到当前演示文稿中,同时会在 PowerPoint 窗口右侧打开【修订】面板,其中显示了每张幻灯片以及整个演示文稿的比较结果。

# 习　题　7

**一、判断题**

1. 在 PowerPoint 2010 中,用自选图形在幻灯片中添加文本时,插入的图形是可以改变大小的。　　　　　　　　　　　　　　　　　　　　　　　　　　　　　(　　)

2. 在 PowerPoint 2010 中,当本次复制文本的操作成功之后,Office 剪贴板中上一次复制的内容自动丢失。　　　　　　　　　　　　　　　　　　　　　　　　　(　　)

3. 在 PowerPoint 2010 中,如果插入图片时误将不需要的图片插入进去,可以使用撤销快捷键补救。　　　　　　　　　　　　　　　　　　　　　　　　　　　　　(　　)

4. 在 PowerPoint 2010 的【动画窗格】面板中,不能对当前的设置进行预览。　(　　)

5. 在不打开 PowerPoint 2010 演示文稿的情况下,也可以播放演示文稿。　(　　)

6. PowerPoint 2010 在放映幻灯片时,必须从第一张幻灯片开始放映。　　(　　)

**二、操作题**

1. 自行创建空白演示文稿,并命名为"张三幻灯片制作结果.ppt"保存相应文档(用自己的名字替换张三,演示文稿中的文本在.txt 文件中,可以直接复制),按照提供的样板.exe 文件作为最终效果,具体要求如下。

(1) 令演示文稿使用系统自带的一种设计模板(即利用设计模板):Watermark.dot。

（2）幻灯片版式设定为普通版式，即标题和文本版式。

（3）幻灯片首页（标题页）：标题字体为华文隶书、字号为 44 号、红色；文本区域中一级标题为华文新魏、字号为 32 号、浅蓝色。

（4）为了保持除首页（标题页）外各幻灯片风格一致，一次性设定幻灯片的标题字体为华文隶书、字号为 38 号、红色；文本区域中更改一级标题的项目符号为"样板.exe"所示，一级标题字体为华文新魏、字号为 32 号、浅蓝色。注意：一次性如何设定，手动设定每页字体不给分。

（5）按照提供的"样板.exe"文件，为演示文稿添加一个武汉科技大学校徽和一个动画时钟（能显示在所有幻灯片中）。

（6）按照提供的"样板.exe"文件，设定所有幻灯片的内容和动画。

（7）按照提供的"样板.exe"文件，设定幻灯片的页眉、页脚。注意：时间是自动更新的，页脚中间显示武汉科技大学的互联网域名：www.wust.edu.cn，首页（标题页）不显示页眉页脚。

2. 请根据图 7-129～图 7-134 提供的图片素材制作出一套演示文稿的模板。

图 7-129　素材一

图 7-130　素材二

图 7-131　素材三

图 7-132　素材四

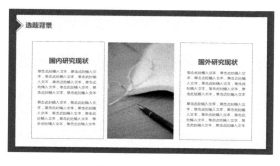

图 7-133　素材五

图 7-134　素材六

## 第8章 Photoshop 基础及应用

计算机图像处理(数字图像处理)是指以计算机为信息处理核心,使用各种输入、输出、存储设备,借助于各种图像处理软件,完成图像的采集、绘制、变换、存储、传输和输出等工作。

计算机图像处理中一个重要的工具软件即是 Adobe Photoshop,简称"PS",是由 Adobe 系统公司开发和发行的图像处理软件。Photoshop 主要处理以像素所构成的数字图像。使用其众多的编修与绘图工具,可以有效地进行图片编辑工作。PS 有很多功能,在图像、图形、文字、视频、出版等各方面都有涉及。

2003 年,Adobe Photoshop 8 被更名为 Adobe Photoshop CS。2013 年 7 月,Adobe 公司推出了新版本的 Photoshop CC,自此,Photoshop CS 6 作为 Adobe Photoshop CS 系列的最后一个版本被新的 CC 系列取代。截至 2017 年 10 月,Adobe Photoshop CC 2018 为最新版本。

日常工作和学习中,掌握 Photoshop 的一些基本技能,可以帮助我们实现很多意想不到的效果。

 ## 8.1 位图和矢量图

### 8.1.1 矢量图

矢量图,也称为向量式图像,它以数学的矢量方式来记录图像的内容。因其主要记录线条和色块,故其文件体积较小且可以无失真缩放。

- 优点:与分辨率无关,占用硬盘空间小,且被缩放、旋转后不影响图像的清晰度。
- 缺点:不易制作色调丰富或色彩变化太多的图像,而且绘制出来的图形不很逼真,无法像照片一样精确地描写自然界的景物,同时也不易在不同的软件之间交换文件。

矢量式图像处理软件包括:Freehand、Illustrator、CorelDraw 和 AutoCAD 等。

### 8.1.2 位图图像

位图图像,即点阵图像,点阵图像的图面由许多小点即像素组成,每一个像素都有自己的明确的位置和色彩数值。在图像分辨率不变的情况下,改变图像的尺寸,其所含的像素点数会呈二次方变化。例如,一个分辨率为 72 dpi、长宽值均为 1 英寸(约 2.54 cm)的图像文件所含的像素数为 72×72=5184 个;长宽值改为 2 英寸(约 5.08 cm)时,像素点数为 144×144 个。

- 优点:色彩和色调变化丰富,可以较逼真地反映自然界的景物,同时也容易在不同软件之间交换文件。
- 缺点:在放大、缩小或者旋转处理后会产生失真,同时文件数据量巨大,对内存要求容量也较高。

常见的点阵式图像处理软件包括:Photoshop、Corel PHOTOPAINT 和 Painter 等。

 ## 8.2 分辨率

分辨率的相关知识点分别介绍如下。

（1）分辨率：单位长度中所具有的像素数目，其单位为 dpi（dots per inch）、ppi（pixel per inch）。

（2）像素：具有颜色属性的小正方形，是用于记录图像的基本单位。

（3）图像分辨率：每英寸图像含有多少个点或者像素。

（4）显示器分辨率：显示器上每单位长度显示的像素或点的数量。其大小取决于显示器的大小及其像素的设置，大多数显示器的分辨率约为 96 dpi。在显示器上图像像素可以直接转换成显示器像素，当图像分辨率比显示器分辨率高时，显示器显示的图像尺寸要比其打印出的图像尺寸大。

（5）打印机分辨率：打印机输出的分辨率。喷墨打印机分辨率约为 720～1440 dpi。

（6）网屏分辨率：又称网目线数或线网，是指打印灰度模式的图像文件或图像文件的颜色分色稿所使用的每英寸的网点数，单位是 lpi。要想生成高品质的网目版图像，只需将图像分辨率设置为所需网屏的 1.5 或 2 倍左右即可。常用网屏格式如下。

- 85～133lpi：一般网屏，通常用于印刷报纸、书籍内页等单色印刷制品。
- 150lpi：高品质网屏，常用于制作彩色印刷制品。
- 175lpi：超精细网屏，常用于制作艺术类图片书籍。

（7）扫描分辨率：扫描设备在扫描一幅图像之前所设定的图像分辨率，它将影响生成图像文件的质量和使用性能，决定将以何种方式显示或打印图像。

（8）位分辨率（bit resolution）：又称位深，用来衡量每个像素存储信息的位数，决定图像可以标记多少种颜色，如 8 位、24 位等。8 位即为 $2^8$，故一幅 8 位颜色深度的图像能表现出 256 种颜色，即有 256 个色阶。

图像文件在显示器上的显示大小取决于图像的像素大小、显示器的大小、显示分辨率的设置等因素。

15 英寸显示器的显示分辨率通常设置为 800×600,17 英寸为 1024×768,19 英寸为 1440×900。20 英寸屏幕有 16:9 和 16:10 两种，一般 16:10 的设置成 1280×800 或 1440×900 或 1680×1050 或 1920×1200,16:9 的设置成 1280×720 或 1600×900 或 1920×1080。

网页图像大小一般为 800×600 像素，以便在不同的显示器上浏览。

##  8.3　色彩模式

### 8.3.1　常见的三种色彩模式

三种常用的色彩模式为：HSB、RGB、CMYK，每一种色彩模式对应一种媒介。

三种色彩模式的应用具体如下。

（1）HSB 色彩模式是基于人眼的一种颜色模式，是普及型设计软件中常用的色彩模式。

（2）RGB 色彩模式适用于显示器、投影仪、数码相机等。

（3）CMYK 色彩模式适用于打印机、印刷机等。

### 8.3.2　HSB 色彩模式

HSB 色彩模式对应眼睛视觉细胞对颜色的感受，即我们平常看到的颜色。H、S、B 三个字母对应于颜色的如下三个属性。

- H：色相（hues）——色彩的相貌（名称），色相环是一个环形（360°），以度来表示颜色，如图8-1所示。
- S：饱和度（saturation）——色彩的鲜艳程度（纯度）。
- B：明度（brightness）——色彩明暗的变化。

**注意**：饱和度和明度都按百分比来划分。纯黑色、白色均无色相属性。

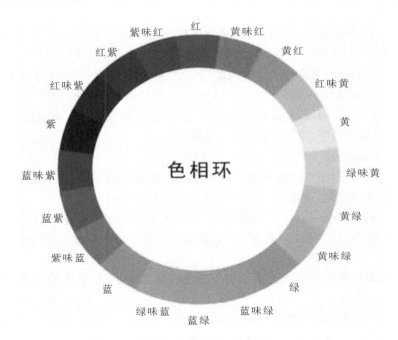

图 8-1　HSB 模式：色相环

当我们说"一朵红花"时，"红"反映了颜色的相貌，即色相；接着我们会通过"浅红"、"深红"和"大红"等词语表达颜色的强烈程度，即饱和度。

在不同的明暗度下，同一种色相和饱和度的颜色，又会产生多种变化。这样一种色相在先，饱和度与明度在后的方式，正是我们大脑自然辨识颜色的方式。在 Photoshop 软件中打开图片，在 HSB 模式下的设置视图如图 8-2 所示。

### 8.3.3　RGB 色彩模式

RGB 色彩模式对应发光媒体（如显示器），加色模式。光色的三原色分别为：R（红），G（绿），B（蓝）。

每种颜色亮度分为 256 个级别，即 0～255。其中，最亮为 255，最暗为 0。例如，灯光，亮度值越大则越亮，不开灯则最暗，为 0。故显示器可以显示 256×256×256 种颜色。

RGB 的加色模式遵循图 8-3 所示的叠加原理。例如，蓝＋绿＝青，红＋绿＝黄，红＋蓝＝品红。

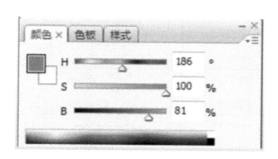

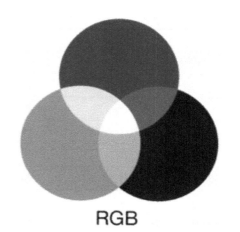

图 8-2　Photoshop 中的 HSB 设置

H—色相(0°~360°);S—饱和度;B—亮度

图 8-3　光的三原色混合示意图

下面举例说明一些数值配色,在 Photoshop 中的设置如图 8-4 所示。

PS 中的 RGB 模式的更多颜色设置如表 8-1 所示。其中,三种光色最大值相加得到白色;三种光色最小值相加即为黑色;三个数相等,值大一点的为浅灰,反之为深灰。

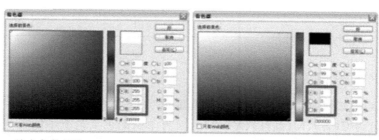

纯白色数值为R255,G255,B255　　纯黑色数值为R0,G0,B0

红色数值为R255,G0,B0　　绿色数值为R0,G255,B0

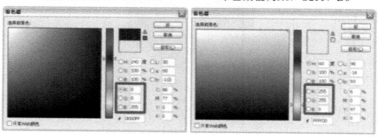

蓝色数值为R0,G0,B255　　黄色数值为R255,G255,B0

图 8-4　Photoshop 中的 RGB 模式的典型颜色值设置

表 8-1    RGB 模式中的颜色常用颜色代码

| R | G | B | Hex Value | Color |
|---|---|---|---|---|
| 0 | 0 | 0 | 000000 | Black |
| 255 | 0 | 0 | FF0000 | Red |
| 0 | 255 | 0 | 00FF00 | Green |
| 0 | 0 | 255 | 0000FF | Blue |
| 255 | 255 | 0 | FFFF00 | Yellow |
| 255 | 0 | 255 | FF00FF | Magenta |
| 0 | 255 | 255 | 00FFFF | Cyan |
| 255 | 128 | 128 | FF8080 | Bright Red |
| 128 | 255 | 128 | 80FF80 | Bright Green |
| 128 | 128 | 255 | 8080FF | Bright Blue |
| 64 | 64 | 64 | 404040 | Dark Grey |
| 128 | 128 | 128 | 808080 | Intermediate Grey |
| 192 | 192 | 192 | C0C0C0 | Bright Grey |
| 255 | 255 | 255 | FFFFFF | White |

## 8.3.4  CMYK 色彩模式

CMYK 色彩模式对应印刷,油墨的浓淡程度用 0%~100% 来区分。

印刷三原色为 C(青)、M(品红)、Y(黄)。因为印刷配色工艺上不能得到真正意义上的纯黑,所以印刷用 4 色,多了一种黑色(black)。

例如,C80%、M2%、Y15% 颜色偏青;C0%、M0%、Y0% 为白色;C100%、M100%、Y100% 为黑色。

CMY 最大值相加得到黑色,称为减色模式。实际上印刷黑色时 CMY 值都为 0%,只要 K 的值为 100% 即可。印刷三原色的混合原理如图 8-5 所示。

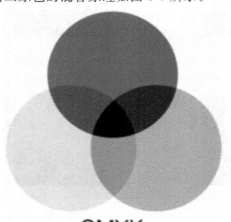

图 8-5    印刷三原色混合示意图

### 8.3.5 奇妙的颜色环

在图 8-6 所示的颜色环上,实线三角形的区域即为 RGB 模式,相邻的两种颜色光混合得到它们位置中间的颜色光,即为减色模式的三种颜色。

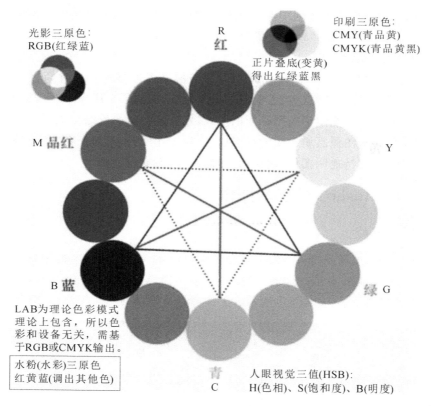

图 8-6 奇妙的颜色环

虚线三角形连接的区域即为 CMYK 模式,因为 K 是黑色颜料,不需要在此显示,相邻的两种颜色颜料混合得到中间位置的颜色的颜料,即为加色模式的三种颜色。

色彩环上,红色直线连接的区域为互补色。例如,绿色会完全吸收品红色的光线,青色会完全吸收红色的光线,蓝色会完全吸收黄色的光线。

 ## 8.4 常见的图片格式

常见的图片格式有以下几种。

(1) PSD:由 Adobe 公司开发的 Photoshop 专用图像文件格式,可以存取所有 Photoshop 文件信息和所有颜色模式。无损压缩,图像文件大。

(2) BMP(位图):由 Microsoft 公司开发的,是 Windows 和 OS/2 平台的默认图像格式,图像信息是以像素为单位保存的,保存时可以对图像颜色质量进行设定。

(3) TIFF(tag image file format,标记图像文件格式):是 Macintosh 和 Windows 平台上应用最广泛的图像文件格式。其颜色范围高达 64 位,亦可设置图像颜色质量。

(4) JPEG(joint photographic experts group,联合图像专家组):是目前最优秀的数字化摄影图像存储格式。有损压缩,压缩率一般控制在 75% 以上,人眼几乎分辨不出差别。其支持高达 24 位的图像文件。

（5）EPS（encapsulated post script）：跨平台的标准模式，扩展名为 ＊.eps 或 ＊.epsf，可存储矢量图形和位图图像，常用于专业印刷领域。

（6）GIF（graphics interchange format，图形交换格式）：压缩比高、体积小、可保存简单的 2D 动画，但只能处理 256 色的图像。其主要用于交换图片。早期为 GIF87a，可存储单幅静止图像。后来发展为 GIF89a，可在图像文件中指定透明区域，能够同时存储若干幅静止图像从而形成连续的动画。

（7）PNG（portable network graphics，可移植网络图形格式）：一种新兴的网络图像格式，采用无损压缩方式。其特点为：可保证图像不失真，汲取了 GIF 和 JPEG 二者的优点，存储形式丰富；具有二者所能使用的所有颜色模式，且能够将图像压缩至极限以利于在网络上传输；还能保留所有与图像品质相关的数据信息；显示速度快，只需下载 1/64 即可显示出低分辨率的预览图像；支持透明图像（制作网页）的制作；不支持动画。

## 8.5　Photoshop 的基本操作

### 8.5.1　常用工具栏

Photoshop CS6 工具栏内包含的工具和名称共计 24 组，其他版本的个别工具虽然名称叫法不太一样，但功能基本是一样的，且版本越新功能越强大。Photoshop CS6 启动后，界面左侧即为自带的工具栏，如图 8-7 所示。工具栏是最常用的功能集合，分别介绍如下。

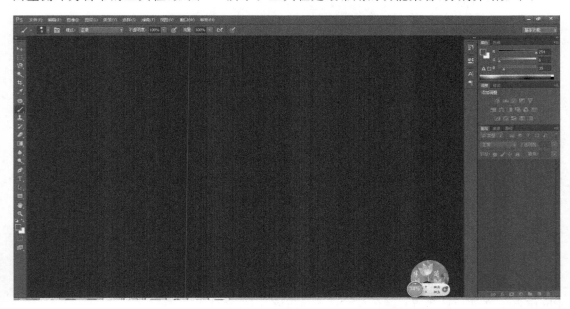

**图 8-7　Photoshop CS6 启动后的工具栏示意图**

**1. 移动工具**

移动工具可以对 Photoshop 中的图层进行移动。

**2. 形状选择工具组**

（1）矩形选择工具：可以对图像选一个矩形的选择范围，一般多用于规则的选择。

（2）椭圆选择工具：可以对图像选一个矩形的选择范围，一般多用于规则的选择。

（3）单行选择工具：可以对图像在水平方向选择一行像素，一般多用于比较细致的选择。

（4）单列选择工具：可以对图像在垂直方向选择一列像素，一般多用于比较细致的选择。

**3. 套索工具组**

（1）套索工具，该工具是根据操作者控制鼠标的路径来选取选区的，其精度不易控制，完全靠制作者的手法来控制精度。选择该工具后，按住鼠标左键开始沿着轨迹将选区描绘出来，最后松开鼠标，即可完成选取。

（2）多边形套索工具，该工具适合于选取比较规则的几何图形。首先点击图片中要抠取的一个点，然后拉动鼠标形成一条直线段，然后选取下一点能改变直线的方向，直至选取一个完整的闭合选区即可完成选取。

（3）磁性套索工具，该工具适合于选取图片色度对比度较大的图形。操作时只需选取其中一点，然后在要选取图形的边缘拖动鼠标，最后闭合选区即可完成。

**4. 快速选择工具组**

（1）快速选择工具，是从 Photoshop CS3 版本开始增加的一个工具，它可以通过调整画笔的笔触、硬度和间距等参数通过单击或拖动来快速创建选区。拖动时，选区会向外扩展并自动查找和跟随图像中定义的边缘。

（2）魔棒工具，是 Photoshop 中提供的一种可以快速形成选区的工具，对于颜色边界分界线比较明显的图片，能够一键形成选区，方便快捷。魔棒的作用是可以获得用户点击的区域的颜色，并自动获取附近区域相同的颜色，使它们处于被选中状态。

**5. 裁剪工具组**

（1）裁剪工具，可以对图像进行裁剪，裁剪选择后一般出现八个节点框，拖动节点可以进行缩放，在框外拖动可以对选择框进行旋转。选择完成后双击或按回车键即可结束裁切。

（2）切片工具和切片选择工具，切片工具用于划分切片；而切片选择工具是用来选择划分好的切片，可以对一个独立的切片进行编辑。先要划分切片才可以选择切片，也就是说切片选择工具是依附于切片工具的。

**6. 取样工具组**

（1）吸管工具，是吸取颜色的工具，主要用来吸取图像中某一种颜色，然后对本图像或者另外的图像进行涂抹着色，涂抹着色需要画笔工具等配合完成。

（2）颜色取样器工具，该工具主要用于将图像的颜色组成进行对比，其只能取出四个样点，每一个样点的颜色组成如 RGB 或 CMYK 等都在右上角的选项栏中显示出来，一般多用于印刷。

（3）标尺工具，标尺用于显示鼠标指针当前所在位置的坐标。使用标尺可以准确地对齐图像或元素，可以准确地确定图像或元素的位置，也可以准确地选取一个范围。标尺工具是非常准确的测量工具，对设计图等进行准确定位时就会用到这一工具。

（4）注释工具，顾名思义是在图片中添加注释的工具。其使用起来也比较简单，选择注释工具后在需要添加注释的地方点击一下就会弹出一个对话框，在其中输入想要的文字即可,关闭对话框就可以保存。我们也可以在属性栏输入其他信息,也可以右击注释,在弹出的右键快捷菜单中选择删除等。注释工具可以多次使用,注释完成后,将其保存为 PSD 格式的文件即可。

(5)计数工具是一款数字计数工具,使用的时候只需要在需要标注的地方单击一下,就会出现一个数字,继续单击则数字递增。使用这款工具可以统计画面中一些重复使用的元素,是款不错的统计及标示工具。

**7. 修复工具组**

(1)污点修复画笔工具,可以快速移除照片中的污点和其他不理想部分,适用于去除图像中比较小的杂点或杂斑。在使用污点修复画笔工具时,不需要定义原点,只需要确定需要修复的图像位置,调整好画笔大小,移动鼠标就会在确定需要修复的位置自动匹配,简单实用。

(2)修复画笔工具,可以去除图像中的杂斑、污迹,修复的部分会自动与背景色相融合。

(3)修补工具,会将样本像素的纹理、光照和阴影与源像素进行匹配。有如下两种方式。

① 源:指要修补的对象是现在选中的区域。其方法是先选中要修补的区域,再将选区拖动到用于修补的区域。

② 目标:与"源"相反,要修补的是选区被移动后到达的区域而不是移动前的区域。其方法是先选中没有问题的区域,再拖动选区到要修补的区域。

(4)透明:如果不选该项,则被修补的区域与周围图像只在边缘上融合,而内部图像纹理保留不变,仅在色彩上与原区域融合;如果选中该项,则被修补的区域除边缘融合外,还有内部的纹理融合,即被修补区域好像做了透明处理。

(5)红眼工具,可以去除照片中的红眼。切换到红眼工具,然后在眼睛发红的部分单击,即可修复红眼。

**8. 画笔工具组**

(1)画笔工具,顾名思义就是用来绘制图画的工具。画笔工具是在 Photoshop 中手绘时最常用的工具,它可以用来上色、画线,画笔工具画出的线条边缘比较柔和流畅。

(2)铅笔工具,其效果与平时所用的铅笔类似,它画出的线条边缘比较硬、实。

画笔工具和铅笔工具的区别如下。

● 画笔是软角的,边缘有羽化不清楚(类似于毛笔写出来的字)。画笔工具有流量控制,可以改变颜色的深浅,经常用来给物体上色。

● 铅笔是硬角的,边缘很清楚。铅笔工具的用途纯粹是为了构图、勾线框,如画画、绘图等就常用到铅笔工具。

(3)颜色替换工具,可以在保留图像纹理和阴影的情况下,给图片上色,有时候需要替换掉图片中某个地方的颜色,使图片看起来更自然,替换时要设定选项栏的颜色,再复制到要替换的图层,调节好透明度。

(4)混合器画笔工具,它是 Photoshop CS5 以后的版本新增的工具之一,是较为专业的绘画工具。其通过属性栏的设置可以调节笔触的颜色、潮湿度、混合颜色等,就如同在绘制水彩或油画的时候,可以随意调节颜料颜色、浓度、颜色混合等效果。其可以绘制出更为细腻的效果图。

### 9. 图章工具组

(1)仿制图章工具也是专门的修图工具,可以用来消除人物脸部斑点、背景部分不相干的杂物、填补图片空缺等。其使用方法为:选择仿制图章工具,在需要取样的地方按住 Alt 键取样,然后在需要修复的地方涂抹就可以快速消除污点等,同时我们也可以在属性栏调节笔触的混合模式、大小、流量等来更加精确的修复污点。

(2)图案图章工具有点类似于图案填充效果,使用工具之前我们需要定义好想要的图案,然后适当设置属性栏的相关参数,如笔触大小、不透明度、流量等。然后在画布上涂抹就可以出现想要的图案效果。其绘出的图案会重复排列。

### 10. 画笔工具组

(1)历史记录画笔工具是一种复原工具。其主要作用是对图像进行恢复,可以恢复图像最近保存的面貌或打开图像的原来的面貌。如果对打开的图像操作后没有保存,使用该工具,可以恢复这幅图原来打开时的面貌;如果对图像保存后再继续操作,则使用该工具则会恢复保存后的面貌。

(2)历史记录艺术画笔工具,与历史记录画笔工具基本类似,不同的是我们用这款工具涂抹快照的时候加入了不同的色彩和艺术风格,有点类似于绘画效果。

### 11. 橡皮工具组

(1)橡皮擦工具,主要用来擦除不必要的像素,如果对背景层进行擦除,则背景色是什么颜色擦出来的还是什么颜色;如果对背景层以上的图层进行擦除,则会将这层颜色擦除,会显示出下一层的颜色。擦除笔头的大小可以在右边的画笔中选择。

(2)背景橡皮擦工具也是一款擦除工具,主要用于图片的智能擦除,选择这款工具后,可以在属性面板设置相关的参数,如取样次数、取样背景色等,这款工具会智能擦除我们吸取的颜色范围图片。如果选择属性面板的查找边缘,这款工具会识别一些物体的轮廓,可以用来快速抠图,非常方便。

(3)魔术橡皮擦工具有点类似于魔棒工具,不同的是魔棒工具是用来选取图片中颜色近似的色块,而魔术橡皮擦工具则是擦除色块。这款工具使用起来非常简单,只需要在属性面板设置相关的容差值,然后在相应的色块上面单击即可擦除。

### 12. 渐变及油漆桶工具组

(1)渐变工具是一款运用非常广泛的工具。这款工具可以把较多的颜色混合在一起,邻近的颜色间相互形成过渡。这款工具使用起来并不难,选择该工具后,在属性面板设置渐变方式,如线性、放射、角度、对称、菱形等,然后选择起点,按住鼠标左键并拖动到终点再松开,即可拉出想要的渐变色。

(2)油漆桶工具,其主要作用是用来填充颜色,其填充的颜色与魔棒工具相似,它只是将前景色填充一种颜色,其填充的程度由右上角的选项的【容差】值决定,其值越大,填充的范围越大。

### 13. 颜色模糊与涂抹工具组

(1)模糊工具,主要是对图像进行局部模糊处理,选择模糊工具后按住鼠标左键不断拖动即可完成操作。一般用于对颜色与颜色之间比较生硬的地方进行柔和处理,也可用于颜色与颜色过渡比较生硬的地方。

（2）锐化工具,与模糊工具相反,它是对图像进行清晰化处理,其方法是在作用的范围内全部像素清晰化,如果作用得太厉害,图像中每一种组成颜色都显示出来,将会出现花花绿绿的颜色。使用了模糊工具后,再使用锐化工具,图像将不能复原,因为模糊后颜色的组成已经改变。

（3）涂抹工具,可以将颜色抹开,能产生类似于一幅图像的颜料未干而用手去抹一样的效果,一般用在颜色与颜色之间的边界,生硬或颜色与颜色之间衔接不好可以使用此工具,将过渡处的颜色柔和化,有时也会用于修复图像的操作中。涂抹的大小可以通过选择合适的画笔笔头来设置。

### 14. 颜色减淡与加深工具组

（1）减淡工具,也可以称为加亮工具,主要是对图像进行加光处理以达到对图像的颜色进行减淡,其减淡的范围通过选择画笔的笔头大小来设置。

（2）加深工具,与减淡工具相反,也可以称为减暗工具,主要是对图像进行变暗处理以达到对图像的颜色加深,其减淡的范围可以通过选择画笔的笔头大小来设置。

（3）海绵工具,它可以对图像的颜色进行加色或进行减色,从而加强颜色对比度或减少颜色的对比度。其加色或是减色的强烈程度可以在右上角的选项中选择,其作用范围可以通过选择画笔的笔头来设置。

### 15. 钢笔工具组

钢笔工具组属于矢量绘图工具,其优点是可以勾画平滑的曲线,在缩放或者变形之后仍能保持平滑效果。钢笔工具画出来的矢量图形称为路径,路径是矢量。路径允许为不封闭的开放状,如果把起点与终点重合绘制就可以得到封闭的路径。

钢笔工具组包括:钢笔工具、自由钢笔工具,添加锚点工具、删除锚点工具、转换点工具等。虽然名称不同,使用的时候都是配合严整的一套工具,只有灵活运用这些工具才能绘制出更为复杂的路径。

（1）自由钢笔工具,与套索工具相似,可以在图像中按住鼠标左键拖动来勾画出一条路径。

（2）添加锚点工具,可以在一条已勾画完的路径中增加一个节点以方便修改,在路径的节点与节点之间单击一下即可完成放置。

（3）删除锚点工具,可以在一条已勾画完的路径中减少一个节点,在路径上的某一节点上单击即可。

（4）转换点工具,此工具主要是将圆弧上的平滑点转换为角点。

### 16. 文字工具组

文字工具是专门用来输入文字的工具。横排就是横向排列的文字,竖排就是竖向排列的文字,运用 Photoshop 中的文字蒙版工具,可以给文字创造不同的效果。

### 17. 路径工具组

（1）路径选择工具是用来选择整条路径的工具。使用的时候只需要在任意路径上点击就可以移动整条路径。同时还可以框选一组路径进行移动。在路径上右击,弹出的快捷菜单中有一些路径的常用操作功能,如删除锚点、增加锚点、转为选区、描边路径等。同时按住【Alt】键可以复制路径。

（2）直接选择工具是用来选择路径中的锚点工具,选择该工具在路径上点击,路径中的锚点就会出现,然后选择任意一个锚点就可以随意移动或调整控制杆。这款工具也可以同时框选多个锚点进行操作。按住【Alt】键也可以复制路径。

### 18. 矢量工具组

矢量工具组包括:矩形工具、圆角矩形工具、椭圆工具、多边形工具、直线工具、自定义形状工具等。这些工具绘制的图形都有个特点,就是放大图像后,图形都不会模糊,边缘非常清晰,而且保存后占用的空间非常小。这就是矢量图形的优点。

### 19. 图形工具组

使用 Photoshop 软件进行平面设计的时候,往往需要绘制一些复杂的图形,而这些图形一般都是通过形状工具绘制出来的,可以叠加多个图形得到想要的图形。

### 20. 抓手及旋转工具组

（1）抓手工具,主要用来翻动图像,但前提条件是当图像未能在 Photoshop 文件窗口中全部显出来时才能使用,一般用于勾边操作。当选为其他工具时,按住空格键不放,鼠标会自动转换成抓手工具。

（2）旋转视图工具是一个非常实用的画布旋转工具。其与图像菜单栏中的旋转画布工具有些不同。菜单栏的旋转画布工具旋转任意角度的时候会改变画布大小。这款工具则不会。旋转视图工具操作也非常简单,选择该工具后用鼠标拖动,画布就会旋转,这样可以方便我们在喜欢的角度进行图片处理。同时在属性栏有复位按钮,方便做好效果后快速回到之前位置。

### 21. 缩放工具组

缩放工具组,主要用来放大或缩小图像,当出现"＋"号时单击图像,则可以放大图像,或者按住鼠标不放拖出一个矩形框,则可以局部放大图像;按住【Alt】键不放,则鼠标会变为"－"号,单击图像时可以缩小图像。也可以使用组合键,【Ctrl】＋【＋】则为放大,【Ctrl】＋【－】则为缩小。

### 22. 前景色和背景色工具组

在 Photoshop 工具栏中,有前景色和背景色的设置图标。默认的前景色为黑色,背景色为白色。图标右上角的双向箭头可以快速切换前景色和背景色(快捷键为【X】);如果点击左下角的小黑白图标,无论画纸为什么颜色,它都会变为默认的黑白前后背景色(快捷键为【D】)。

### 23. 快速蒙版工具组

快速蒙版是一种临时蒙版,它可以在临时蒙版和选区之间快速转换,使用快速蒙版将选区转为临时蒙版后,可以使用任何绘画工具或滤镜编辑和修改它,退出快速蒙版模式时,蒙版将自动转换为选区。

在快速蒙版状态下,工具箱的前景色和背景色会自动变成黑色和白色,图像上覆盖的红色将保护选区以外的区域,选中的区域则不受蒙版保护。当使用白色绘制时,可以擦除蒙版,使红色区域变小,这样可以增加选择的区域;使用黑色绘制时,可以增加蒙版的区域,使红色覆盖的区域变大,这样可以减少选择的区域。

**24. 屏幕模式工具组**

Photoshop CS6 一共有三种屏幕显示方式,即标准显示模式、带菜单的全屏显示模式、全屏显示模式等。按【F】键可在 Photoshop 的三种不同屏幕显示方式中间进行切换。

### 8.5.2 图像亮度、对比度调整

由于拍摄条件、拍摄环境和拍摄地域的限制,每一张图片要想达到最理想的状态,必须选择用软件进行修图调色。将色彩暗淡的图片调整深更加明亮,对图片中看不清楚的画面,或者是在傍晚拍摄的相片,可以选择运用 Photoshop 软件来进行修图,选择图像调整亮度和对比度,达到图片的最佳效果。

**操作方法** 用 Photoshop 软件打开一个图片后,选择【图像】/【调整】/【亮度/对比度】命令,在弹出的调节框中可以进行亮度和对比度的调节。图像的亮度是将图片整体效果调亮,图像的对比度是按照图片的色彩层次感进行的逐步调整。

### 8.5.3 图像曝光度调整

曝光度调整不但可以对曝光过度和不足的照片进行调整,还能侧重对亮部或暗部进行分别调整,并用【灰度】调节命令调整图像的反差。

**操作方法** 用 Photoshop 软件打开一个图片后,选择【图像】/【调整】/【曝光度】命令。其中,曝光度的参数介绍如下。

(1) 预设:预设中预置了增加或减少一档和两档曝光参数。
(2) 曝光度:向左拖曳滑块降低曝光度,向右拖曳滑块增加曝光度,对亮部效果显著。
(3) 位移:左右拖动滑块降低或提高曝光度,对中间调和暗部效果显著。
(4) 灰度系数校正:调整灰度系数,可以提高图像的反差,使发灰的图像变得清晰。

### 8.5.4 羽化

在 Photoshop 中,羽化是针对选区的一项编辑,初学者很难理解这个词。羽化原理是令选区内外衔接的部分虚化,起到渐变的作用从而达到自然衔接的效果。

选中要羽化的内容。找到选区工具,这里以椭圆工具为例,在图片上选取图片内容。如果想选中一个圆形区域,按住【Shift】键,鼠标选取部分为圆形。

此时右击选区,在弹出的快捷菜单中选择【羽化】,填写羽化半径,其值越大,羽化范围越大,单击【确定】按钮。

选取一个圆形区域并设置好羽化像素后,选择【编辑】/【复制】命令,复制选中的圆形区域图片到一个新的 Photoshop 文件中,点击【新建】按钮,选择相应的背景色后,选择【编辑】/【粘贴】命令,可以看出新的文件中羽化发挥了重要的作用,复制的图像内容边界无明显痕迹,与周围颜色融合的比较自然。选择某张照片用羽化处理后的效果如图 8-8 所示。

### 8.5.5 图形变形

选择【编辑】/【变换】/【变形】命令,可以随意拖动图形边缘的锚点,即可实现图形任意变形,如图 8-9 所示。

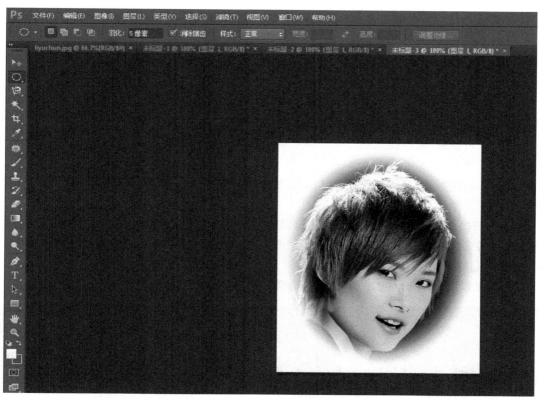

图 8-8 羽化效果图

图 8-9 图形变形效果图

### 8.5.6 蒙版

在 Photoshop 中,蒙版可以分为图层蒙版、矢量蒙版、剪贴蒙版、快速蒙版等四类,分别介绍如下。

(1)图层蒙版:是在当前图层上面覆盖一层玻璃片,这种玻璃片有透明、半透明、完全不透明等几种类型,图层蒙版是 Photoshop 中一项十分重要的功能。

(2)剪贴蒙版:通过使用处于下方图层的形状来限制上方图层的显示状态,来达到一种剪贴画的效果。

(3)矢量蒙版:一般用于创建基于矢量形状的边缘清晰的效果,我们通常通过编辑路径来编辑矢量蒙版。

(4)快速蒙版:是一种临时蒙版,它可以在临时蒙版和选区之间快速转换,使用快速蒙版将选区转为临时蒙版后,可以使用任意绘画工具或滤镜编辑和修改它,退出快速蒙版模式时,蒙版将自动转为选区。

要实现如图 8-10 所示的两个图层里的图片融合,要用到图层蒙版功能。

**图 8-10 两个图层图片融合的示例**

在两个图层的 Photoshop 文件中,选择上面图层,点击【添加蒙板】按钮。这时候用画笔在蒙版上涂抹黑色,则表示完全不显示上面图层的图片,只显示下面图层图片;若涂抹白色,则表示完全不显示下面图层的图片,只显示上面图层的图片;涂抹灰色,则上下图层都显示一部分,实现两个图层的图片内容融合。利用蒙版后的效果如图 8-11 所示。

### 8.5.7 滤镜

滤镜,也称为增效工具,它简单易用、功能强大、内容丰富、样式繁多。同时,它也是 Photoshop 中最神奇的工具,使用滤镜命令,可以设计出许多超乎想象的图像效果。

Photoshop 滤镜基本可以分为三个部分:内阙滤镜、内置滤镜(也就是 Photoshop 自带的滤镜)、外挂滤镜(也就是第三方滤镜)。内阙滤镜指内阙于 Photoshop 程序内部的滤镜,共有 6 组 24 个滤镜。内置滤镜指 Photoshop 采用默认安装时,Photoshop 安装程序自动安装到 plugin 目录下的滤镜,共 12 组 72 个滤镜。外挂滤镜就是除上面两种滤镜以外,由第三方厂商为 Photoshop 所设计的滤镜,它们不仅种类齐全,品种繁多而且功能强大,同时版本

图 8-11　两个图层利用蒙板后实现的效果图

与种类也在不断升级与更新。据不完全统计，就算不考虑版本之间的差异，Photoshop 第三方滤镜就有 800 种以上，正是这些种类繁多、功能齐全的滤镜使 Photoshop 爱好者更为痴迷。

**例 8-1**　　某图片原图如图 8-12 所示，利用高斯模糊的滤镜的效果进行处理，如图 8-13 所示。

**操作步骤**　　选择【滤镜】/【模糊】/【高斯模糊】命令。

图 8-12　未利用滤镜的效果

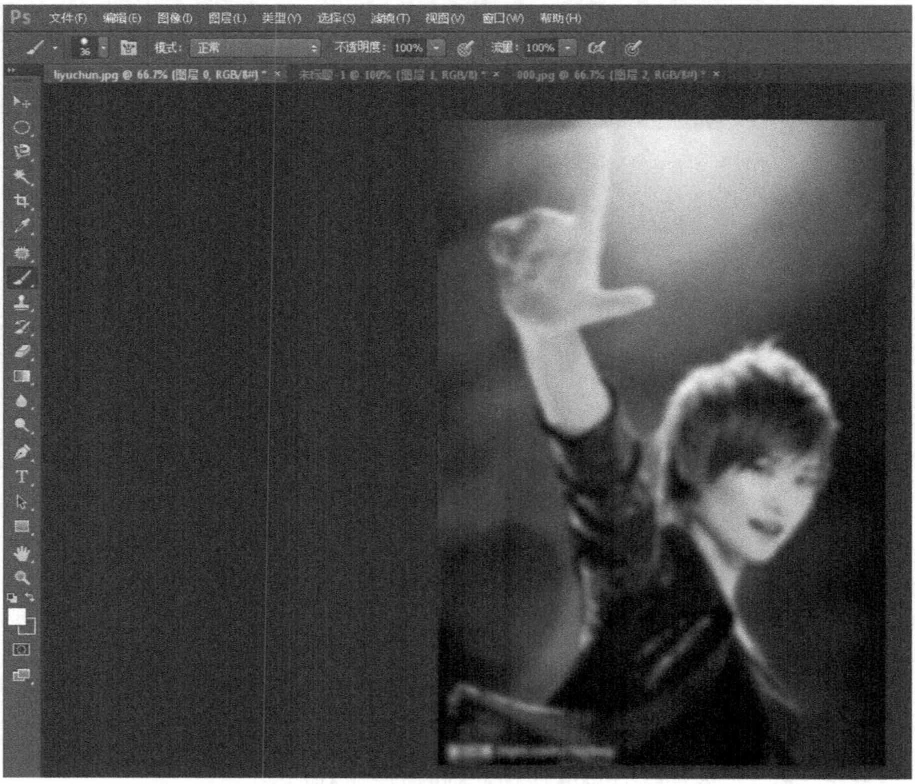

图 8-13　利用高斯模糊的滤镜效果

## 8.5.8　多图层的操作

### 1. 图层的基本知识

图层的概念类似于含有不同图像的透明纸按照一定顺序叠放在一起,最终组合成一幅图像的操作,图层的编辑视图如图 8-14 所示。

图 8-14　多图层图片编辑示意图

### 2. 图层的创建

(1) 普通图层:单击调板底部的【创建新图层】按钮,双击背景图层可将背景图层转换成普通图层。

(2) 调整图层和填充图层:单击调板底部的【创建新的填充或调整图层】按钮,填充内容亦可改变。

**3. 编辑图层**

（1）复制：将图层拉到调板底部的【新建】按钮上。图层间复制可使用快捷键完成，若在执行操作时按住 Shift 键，且原图像与目标文件大小相同，则被拖动的图层会放置在与原图像中相同的位置。

（2）删除：将图层拉到调板底部的【删除】按钮上。删除图层可大大减小文件体积。

（3）调整图层：直接拖动图层即可完成操作。

（4）链接与合并图层：链接图层可将多个图层形成一个整体，对其中某一图层进行操作时，其他链接图层将随之一起发生变化，但当前可编辑的图层还是只有一个。合并图层可减小图像文件的体积，有如下两种操作。

① 【向下合并】：将当前图层与下方图层合并，以当前图层下方的图层名称命名新图层。

② 【拼合图像】：合并当前所有可见图层并删除隐藏图层。若合并的所有可见图层中没有背景图层，则自动使用背景色填充图像的透明区域。

（5）对齐与分布图层：可在图层与图层或图层与选区之间进行对齐与分布的操作。

**4. 使用图层组**

（1）新建图层组：单击调板底部【新建】按钮。

（2）通过图层创建图层组：先选中多个图层，然后按【Ctrl＋G】快捷键。

（3）复制与删除图层组：复制图层组可起到备份的作用。

**5. 应用图层样式**

（1）使用预设样式：使用【样式】调板。

（2）使用【图层样式】对话框。图层样式是一些特殊图层效果的集合。其命令的功能介绍如下。

① 【投影】：可创建阴影效果。其中，【距离】是定义投影的投射距离，数值越大则投影的三维空间效果越明显；【扩展】是定义投影的投射强度；【大小】是控制投影的柔化程度；【等高线】是自定义图层样式效果的外观。

② 【内阴影】：可在图层中的图像边缘内部增加投影效果从而产生立体和凹陷的视觉感。

③ 【外发光】：可在图层中的图像边缘产生一种光照效果。其中，【方法】选项中，选中【柔和】选项，所发出的光线边缘柔和；【精确】选项，光线按照实际大小及扩展度表现。

④ 【内发光】：可在图层中图像边缘的内部增加发光效果。

⑤ 【斜面与浮雕】：其中，【光泽等高线】用于创建类似金属表面的光泽外观；【高光模式】用于设置斜面突出部分的颜色混合模式；【阴影模式】用于设置阴影效果的颜色混合模式。

⑥ 【光泽】：可使图层中的图像变得柔和，增强图像颜色光泽的视觉效果。

⑦ 【颜色叠加】：可为图层叠加某种颜色。

⑧ 【渐变叠加】：可为图层添加渐变效果。

⑨ 【图案叠加】：可在图层上叠加图案。

⑩ 【描边】：一种特殊的填充样式。

（3）复制与粘贴图层样式：如果两个图层需要设置相同的图层样式，可通过复制与粘贴图层样式来实现。可采用按住【Alt】键将图层效果直接拖动至目标图层中。

（4）隐藏与删除图层样式。

① 隐藏图层样式：直接单击调板中的可视按钮或按【Alt】键并单击【添加图层样式】

按钮。

②删除图层样式:拖动到【删除图层】按钮上即可。

(5)应用图层混合模式:图层或组的不透明度用来确定它遮蔽或显示其下方图层的程度。填充不透明度影响图层中绘制的像素或图层上绘制的形状,但不影响已应用于图层的任何图层效果的不透明度。

(6)图层或组的混合模式:该模式是将当前图层与下面的图层进行混合。

### 8.5.9 通道

与图层一样,通道实质上也是将图像分成独立的几个部分,不过分割的标准不是根据距离的远近而是根据色彩的不同。

通道是指独立的存放图像的颜色信息的原色平面。我们可以把通道看成是某一种色彩的集合,如红色通道,记录的就是图像中不同位置红色的深浅(即红色的灰度),除了红色外,在该通道中不记录其他颜色的信息。我们知道,绝大部分的可见光可以用红、绿、蓝三原色按不同的比例和强度混合来表示,将三原色的灰度分别用一个颜色通道来记录,最后合成各种不同的颜色。计算机的显示器使用的就是这种 RGB 模式显示颜色,Photoshop 中默认的颜色模式也是 RGB 模式。

我们也可以自己新建通道,新建的通道称为 Alpha 通道,它可以将选择域作为 8 位灰度图像存放并加入到图像的颜色通道中。一个图像中最多可包含 24 个通道(包括默认颜色通道和 Alpha 通道),但要注意 Alpha 通道存放的既不是图像也不是颜色,而是选取区域,其中的白色表示选取区域、黑色为非选取区域,不同层次的灰度代表不同的选取百分率,最多可有 256 级灰阶。

 ## 8.6 典型案例

### 8.6.1 图片存储压缩

我们在使用 Photoshop 处理图像的时候,往往遇到图片占用的容量大、像素高等问题。有的图片原图有 10 MB,在上传或发送过程中常会受到各种限制。Photoshop 自带了一种图片压缩处理功能,不仅能够缩小图片文件的大小,而且能保持高质量的显示效果。

利用 Photoshop 打开图片文件,选择【文件】/【存储为】命令,选择存储的路径,选择存储的文件类型,输入文件名,最后弹出如图 8-15 所示的对话框,通过拉动【图像选项】栏中的标尺,选择图片是大文件还是小文件,【预览(P)】栏还可以看到图片转存后的大小。

### 8.6.2 画布大小调整

画布是指当前图像的工作区域,也是实际打印的工作区域,合理地控制画布的大小和方向,有利于工作更好地进行。

简单来说,画布大小就是画纸,图像就是画纸上的图。改变画布的大小就是改变画纸的大小。

例如,某图片要放大一倍,那么就要新建一个比图像大一倍的画布才能放下放大后的图像。将原图画布扩大一倍的操作方法如下。

打开图片后,选择【图像】/【图像选项】/【画布大小】命令,弹出【画布大小】对话框然后进行下一步设置,输入新建的画布的宽度和高度,单击【确定】按钮即可,修改画布大小的选项如图 8-16 所示。

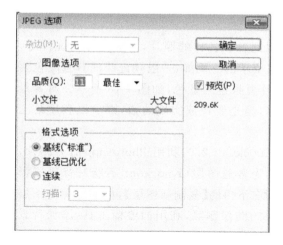

图 8-15　图片转存后的图像选项

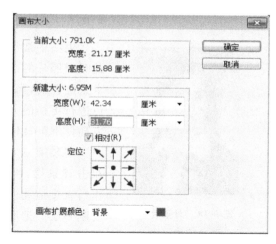

图 8-16　修改画布大小选项

### 8.6.3　图像大小调整

图像是用户编辑图层的对象,图像是存放于画布上的,改变图像大小,图像会按照设置的数值变化、变形,即改变图像的大小就是改变画纸上图的比例大小。

打开图片后,选择【图像】/【图像选项】/【图像大小】命令,弹出【图像大小】对话框然后进行下一步设置。

> **注意**:在接下来的步骤中,应在【图像大小】对话框中选中【约束比例(C)】和【重定图像像素(I)】复选框,可以保持图片原始的比例,否则会丢失部分图片。

设置【像素大小】的相关参数值,修改完成之后点击【确定】按钮,保存图片即可,如图8-17所示。

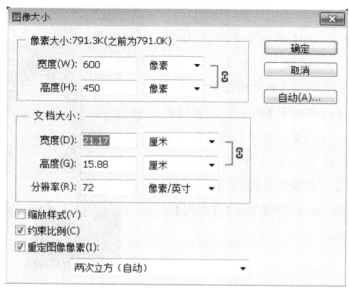

图 8-17　修改图像大小的选项

### 8.6.4　图片更换背景色

图 8-18　背景色为
蓝色的登记照

　　生活中常常会使用到各种各样的照片，办理各样的证件等，此时对照片的是有一定要求的。例如，一般登记照的背景颜色要求是红色的，当前的照片背景色为蓝色，如图 8-18 所示。对背景色进行更换的方法很多，但是要快速实现的话，则可以利用第三方插件 KnockOut。

　　安装第三方插件 KnockOut 2.0，利用 Photoshop 打开图片，双击背景层，将其转换为普通图层（Knockout 不能对背景层操作），直接拖动该图层到右下角的【复制新图层】，把要处理的图层复制一层。把底下图层的图像删除，利用油漆桶工具，添加背景色红色，效果如图 8-19 所示。

图 8-19　创建背景层为红色的图像

　　点击上面图层，在【滤镜】菜单下找到 KnockOut 2 工具，选择【载入工作方案】，如图 8-20所示。利用【内部对象】画笔绘制要抠图的内部区域，再利用【外部对象】画笔绘制外部轮廓，如图 8-21 所示。点击【处理这个图像和显示输出图像】，效果如图 8-22 所示，可见有些地方选择不是很合适，要进行细节处理，利用【内部注射器】工具进行调整，最后选择【文件】/【应用】命令，可以看到效果如图 8-23 所示。

图 8-20　KnockOut 载入工作状态

图 8-21　KnockOut 绘制内部对象和外部对象后的状态　　　　图 8-22　KnockOut 预览效果

图 8-23　更换背景颜色后的图像

## 8.6.5　制作小图标

制作网页中的一些小图标，或者在日常生活中，我们要制作一个小的 logo，利用网络素材即可快速实现。例如，制作如图 8-24 所示的小图标。

图 8-24　两个成品小图标

首先在网上下载各种小的素材，为制作小图标做准备工作。如图 8-24 所示的一本打开的书、一个广播信号的小素材都是在网上下载的。

选择【文件】/【新建】命令,选择高度为 50、宽度为 290 的画布,选中整个画布区域,给画布填充颜色,此处使用【渐变色】,选择蓝色到白色的渐变,给整个矩形区域填充颜色,然后将小图标复制到区域中来,选择【编辑】/【自由变换】命令,对小素材进行缩放,调整位置,使用【添加图层样式】对小素材增加投影效果,如图 8-25 所示,最后添加文字并设置投影效果,最终效果如图 8-26 所示。利用该种方法,可以快速创建各类小图标。

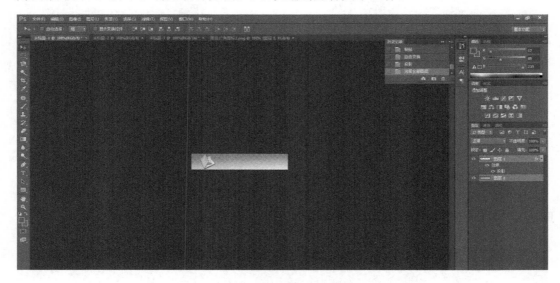

图 8-25　增加素材后的图标

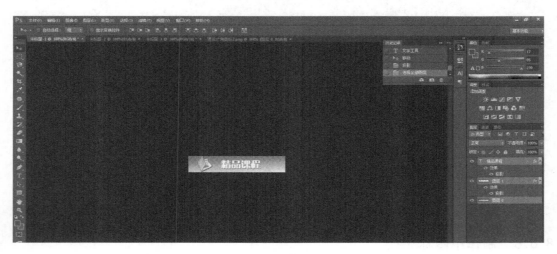

图 8-26　增加文字并设置投影效果后的小图标

### 8.6.6　制作 banner 条

网页设计中,常需要制作网页首页的 banner 条,banner 条一般由多个图片拼接而成,图片上再增加相应的文字,即可完成设计。下面介绍如何制作一个如图 8-27 所示的 banner 条,该 banner 条用到的图片素材分别如图 8-28 和 8-29 所示。

图 8-27　马克思主义学院 banner 条

图 8-28　图片素材 1：主楼

图 8-29　图片素材 2：教四楼

■ **操作思路**　　分别用 Photoshop 打开图 8-28 和图 8-29 所示的两个图片素材，新建一个宽为 950，高为 148 的画布，分别从图片素材 1 和图片素材 2 复制宽为 500，高为 148 的部分区域得到两个图层，分别是主楼和教四楼的部分，两个图片交叉的位置有明显的拼接痕迹。要想取消拼接痕迹，此处可使用图层蒙版功能，利用图层蒙版功能，在两个图层交叉的位置使用渐变色作为过渡，可以使两个图片较好地融合在一起，实现平稳过渡。最后加上学校的校徽和学院名称的文字，再增加一些投影效果，最终效果如图 8-30 所示。

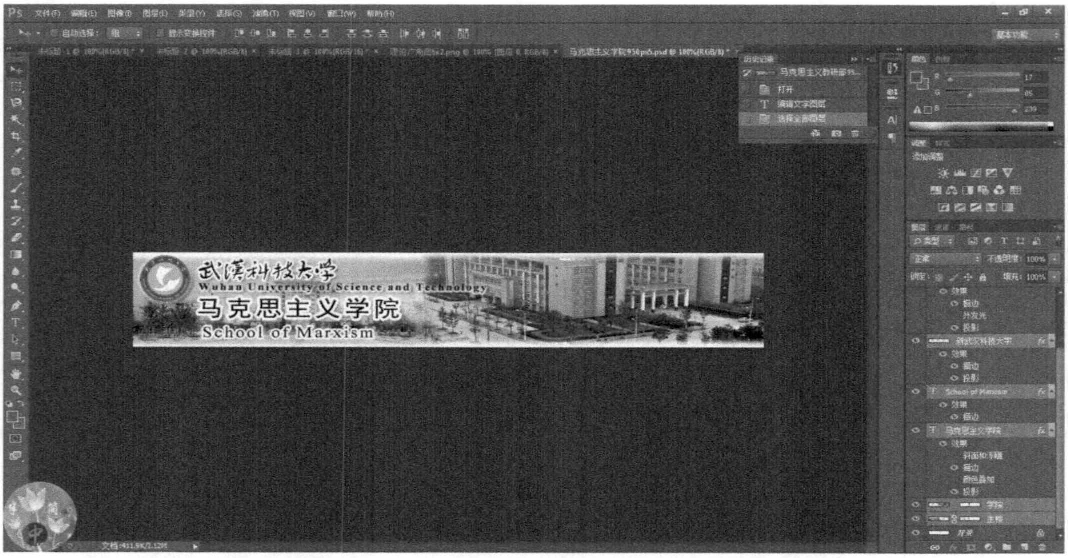

图 8-30　最终的 banner 效果图

### 8.6.7　制作水面倒影

如图 8-31 所示的水面倒影,是完全使用 Photoshop 软件实现的,源素材如图 8-32 所示。

图 8-31　水面倒影图

图 8-32　无倒影的原图

**操作思路**　①把画布高度增加一倍;②增加一个背景图层,以深蓝色到黑色的渐变色作为填充色;③复制原来图层得到新图层;④下面的图层实现翻转,移动图层里的图像后,两个图层无缝对接;⑤在最上面图层用图层蒙版,图层蒙版中用浅灰色到白色的渐变填充;⑥用高斯模糊实现图层有水面波纹的效果。Photoshop 的图层设置如图 8-33 所示。

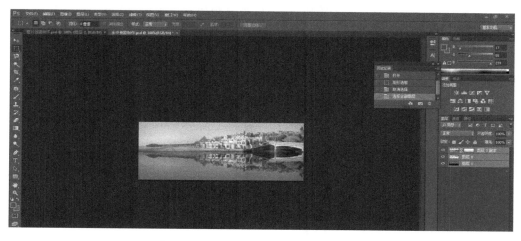

图 8-33　实现水面倒影的多图层效果图

## 8.6.8　合成的打印机海报

如图 8-34 所示的合成的打印机海报,实际上由四张图片合成而来,基本操作步骤如下。

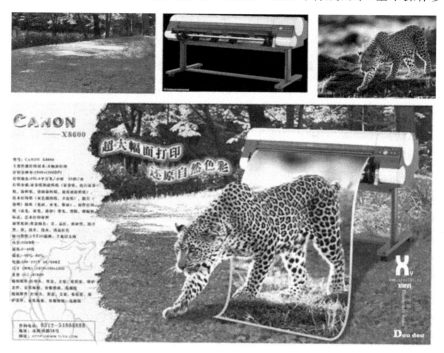

图 8-34　合成的打印机海报

（1）打开背景和打印机素材,将打印机从素材中抠图出来,复制进来并适当摆好位置。

（2）打开豹的素材,拖进来适当调整好大小和角度,用钢笔工具把豹子抠出来复制到新的图层中。

（3）用钢笔工具勾画出打印机纸张的轮廓路径,转为选区后按 Ctrl＋Shift＋I 组合键反选,按 Delete 键删除。

（4）为纸张图层描边,再加蒙版去除多余部分。

（5）在纸张图层上面新建一个图层，用黑色画笔画出豹子前脚的阴影、打印机以及纸张的阴影，适当降低透明度。

（6）最后需要加上广告词及文字，完成最终效果。

### 8.6.9 把真人头像转换为石膏雕像

如图 8-35 所示，将真人头像转换为石膏雕像，其基本操作步骤如下。

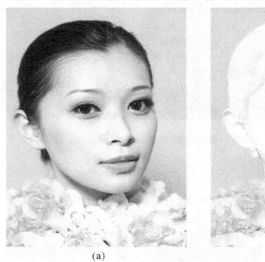

(a)　　　　　　　　　　　　　　　(b)

**图 8-35　真人头像转换为石膏雕像**

（1）将背景复制一层，用钢笔工具，将眼睛的部分先抠出来，将 Ctrl＋回车键，将路径变换成选区，用吸管吸取眼白四周的颜色，将眼珠填满。

（2）新建图层，在副本层中用钢笔工具将人的轮廓给描绘出来，并将路径转选区范围，按 Ctrl＋C、Ctrl＋V 粘贴到新图层中。

（3）选取仿制图章工具，将额头发髻边缘稍作修饰，完成后再将该图层复制一份，并转成智能对象图层。

（4）选择【滤镜】/【风格化】/【浮雕】命令，设置角度为 135°、高度为 3、数量为 142；选择【滤镜】/【杂色】/【中间值】命令，设置半径为 2。将图层的混合模式更改为【叠加】。

（5）新增一个黑白调整图层，并载入刚才所描绘的路径线，按 Ctrl＋Shift＋I 组合键反转并填满黑色，让画面中只有人像的部分变成黑白影像。

（6）选择仿制图章工具，将眼圈和耳边稍作修饰。

（7）用钢笔工具，分别选取头发与眉毛，再将图层切换到彩色的图层上。按 Ctrl＋C、Ctrl＋V 组合键，复制一份并将其他图层的眼睛关闭。

（8）切到通道面板，将红色通道复制，选择【滤镜】/【模糊】/【表面模糊】命令，设置半径为 2、阈值为 33％，完成后按住 Ctrl 键，并点击红色色版缩图。

（9）回到图层面板，将前景设为白色，新建图层，按 Alt＋Del 键，将白色填满整个选取范围。

（10）切到刚所复制的头发、眉毛图层上，先进行浮雕效果，再转换成黑白。数据参考之前眼睛的数值，头发跟眉毛对比变得很大，与主体有点格格不入，新增一个图层蒙板，将突兀的地方遮掩起来。

（11）载入先前所描绘的路径线，按 Ctrl＋Shift＋I 组合键，反转选取范围，吸取四周的颜色,利用吸管工具,将本来的毛发稍作修饰。

（12）至于一些细节的部分,分别利用笔刷与仿制印章工具,反复修饰直到完成。

### 8.6.10 给风景加上水彩效果

如图 8-36 所示,给风景加上水彩效果,其基本操作步骤如下。

(a)                                     (b)

**图 8-36   给风景加上水彩效果**

（1）照一张带白边的图片风景图,有白边用于后面制作边缘溢出效果。

（2）色相饱和度:调整饱和度＋80,调整出印象派的效果。

（3）选择【编辑】/【定义图案】命令。

（4）新建白色填充层,设置不透明度为 50％,再新建一个透明图层。

（5）图案图章工具,设置画笔主直径为 200,画笔选自带湿介质画笔 45,模式正常,不透明度 100％,勾选印象派效果。

（6）在透明图层用图案图章工具画画,远景次景笔触大,反之笔触小细节多,调整不透明度(查看上面图层的笔触)。

（7）复制背景层去色,选择【滤镜】/【喷溅】命令,设置不透明度为 71％、图层模式为叠加。

（8）选择【滤镜】/【纹理】/【纹理化】,设置不透明度为 100％。

（9）选择【滤镜】/【扭曲】/【扩散光亮】命令,设置为 37％。

### 8.6.11 制作揉碎效果的照片

制作如图 8-37 所示的揉碎效果的照片,其基本操作步骤如下。

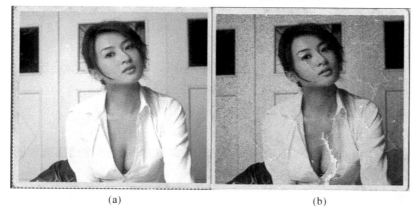

(a)                                     (b)

**图 8-37   制作揉碎效果的照片**

（1）找一张皱折的背景，将需要制作的照片拖入背景层，调整尺寸并裁剪，使之与背景边框相配。

（2）选择【调整】/【色相饱和度】命令，设置全图的饱和度为－35，明度为＋10。

（3）调整图层为柔光模式，产生旧照片的效果。

（4）色相饱和度设置全图为 0，－80，0。

（5）复制图层，选择【色相饱和度】/【着色】命令，设置为 340，24，0。

（6）创建新图层，放在最顶端，填充黑色。

（7）选择【滤镜】/【杂色】/【添加杂色】命令，增加陈旧感、数量 25%、高斯分布。

（8）混合模式为正片叠底。

（9）选择【图像】/【调整】/【反相】命令。

（10）将边框中的杂色去掉，用矩形选择工具选边框内侧边，按 Del 键删除轮廓部分的杂色。

（11）用橡皮擦工具擦出人物周围的杂色。

# 习　题　8

**一、选择题**

1. Photoshop 中，RGB 图像执行分离通道命令后会呈现什么颜色（　　）。

A. 红色　　　　　　　B. 绿色　　　　　　　C. 蓝色　　　　　　　D. 灰色

2. 使用普通橡皮擦工具擦除图像像素时（　　）。

A. 在普通层和在背景层效果相同

B. 在普通层擦为背景色，在背景层擦为透明

C. 在普通层擦为透明，在背景层擦为背景色

D. 在普通层擦为前景色，在背景层擦为背景色

3. 使用海绵工具可以改变图像的（　　）。

A. 颜色　　　　　　　B. 亮度　　　　　　　C. 明度　　　　　　　D. 饱和度

4. Photoshop 中使用矩形选框工具和椭圆选框工具时，下列（　　）操作可以实现以鼠标落点为中心做选区。

A. 按住 Alt 键并拖拉鼠标

B. 按住 Ctrl 键并拖拉鼠标

C. 按住 Shift 键并拖拉鼠标

D. 按住 Shift＋Ctrl 键并拖拉鼠标

5. Photoshop 中，执行（　　）操作，能够最快在同一幅图像中选取不连续的不规则颜色区域。

A. 全选图像后，按 Alt 键用套索减去不需要的被选区域

B. 用钢笔工具进行选择

C. 使用魔棒工具单击需要选择的颜色区域，并且取消其【连续的】复选框的选中状态

D. 没有合适的方法

**二、简答题**

1. 矢量图和点阵图的含义与区别是什么？

2. 平时我们看到的树叶为什么是绿色的？

3. 在没有光源的屋子里的青色的墙上打上红光会有什么结果？

4. 网页设计或 Photoshop 设计中有多少种颜色？如何设置颜色？如何知道六位的颜色代码代表的颜色？

**三、操作题**

1. 利用武汉科技大学校名的特殊字体制作一个搞笑的文身，如图 8-38 所示。武汉科技大学校名矢量图下载地址为：http://www.wust.edu.cn/117/list.htm。

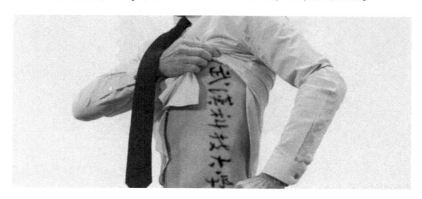

图 8-38　制作文身效果

2. 利用两个图片湖面.jpg 和小船.jpg 素材，制作如图 8-39 所示的小船在湖面的效果。

图 8-39　制作小船在湖面的效果

3.利用提供的素材,制作如图 8-40 所示的邮票。

**图 8-40    制作邮票**

4.利用蒙版将如图 8-41 所示的照片变为一边黑白一边彩色。

(a)                                                  (b)

**图 8-41    变换照片的颜色**

# 第9章  Office 2010 其他组件的应用

## 9.1 Outlook 2010 的应用

Outlook 2010 可以用于收发电子邮件、管理联系人信息、记日记、安排日程、分配任务等。本节将介绍如何配置 Outlook 2010,利用 Outlook 2010 接收和发送电子邮件,以及利用 Outlook 2010 发送数字签名邮件和数字证书加密邮件。

利用数字证书发送数字签名邮件和数字证书加密邮件都利用了非对称加密算法。在非对称加密算法里,密钥是成对使用的,公钥即公开的密钥,私钥即私人保存的密钥,使用某公钥加密必须使用对应的私钥才能解密。发送加密邮件的原理如图 9-1 所示。

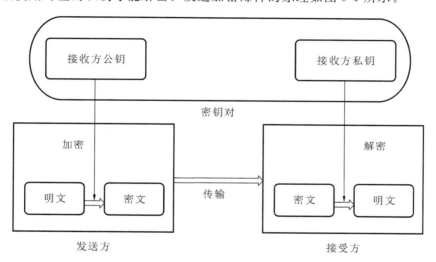

**图 9-1 非对称加密发送加密邮件的原理**

发送数字证书加密邮件的时候,发送方用接收方的公钥加密邮件,只有接收方用自己的私钥才能解密文档,其他人无法打开加密文档,正好实现了文件的加密传输。

发送数字签名的邮件的时候,发送方用自己的私钥生成数字签名,接收方收到以后用发送方的公钥进行解密、验证。

### 9.1.1 配置 Outlook 2010

配置 Outlook 2010 的具体步骤如下。

(1)启动 Outlook 2010,选择【文件】/【信息】/【添加账户】命令,弹出【添加新账户】对话框,在其中选择【电子邮件账户(E)】单选框,点击【下一步(N)】按钮,如图 9-2 所示。

(2)配置电子邮件账户信息。在对话框的【您的姓名(Y)】【电子邮件地址(E)】【密码(P)】文本框中输入相关信息,选中【手动配置服务器或其他服务器类型(M)】单选框,并点击【下一步(N)】按钮,如图 9-3 所示。

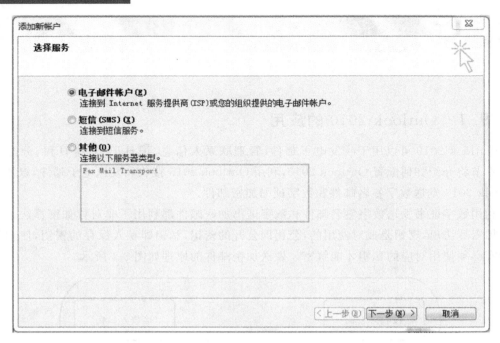

图 9-2　添加新账户

图 9-3　配置电子邮件账户信息

（3）选中【Internet 电子邮件(I)】单选框并点击【下一步(N)】按钮，如图 9-4 所示。

（4）填写接收邮件服务器地址和发送邮件服务器地址，填写登录账户和密码信息，如图 9-5 所示。一般账户类型为 POP3，如果是新浪的邮件服务，接收邮件服务器地址和发送邮件服务器地址分别为：pop3.sina.com、smtp.sina.com，其他邮件服务的可以查询服务提供商。

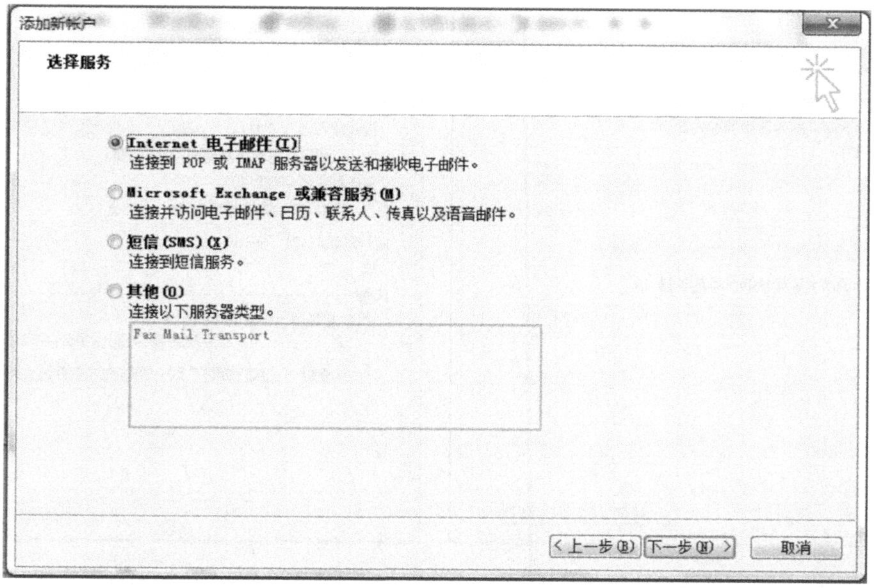

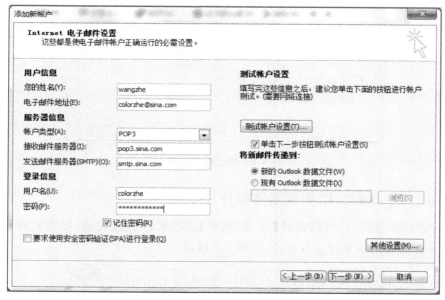

图 9-4　选择电子邮件服务

图 9-5　电子邮件设置信息

（5）点击【其他设置（M）...】按钮，在【发送服务器】选项卡中选中【我的发送服务器（SMTP）要求验证（O）】复选框和【使用与接收邮件服务器相同的设置（U）】单选框，如图 9-6 所示。

（6）点击【高级】选项卡，如果用户的邮件收发不需要采用 SSL 加密，则设置【接收服务器（POP3）(I)】【110】，设置【发送服务器（SMTP）(O)】为【25】，勾选【在服务器上保留邮件的副本（L）】复选框，并根据用户需要的时间选择保留的天数，如图 9-7 所示。

（7）设置完成之后点击【确定】按钮，点击【测试账户设置】，测试的结果都是【已完成】的状态，表明账户添加成功，如图 9-8 所示。

图 9-6　发送服务器的设置　　　　　　　图 9-7　电子邮件的高级选项的设置

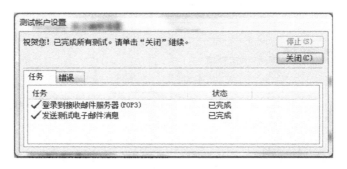

图 9-8　测试账户设置

## 9.1.2　利用 Outlook 2010 收发普通邮件

　　配置 Outlook 成功后,可以选择【发送/接收】选项卡,点击【发送/接收所有文件夹】按钮,Outlook 即开始从服务器接收邮件,如图 9-9 所示。

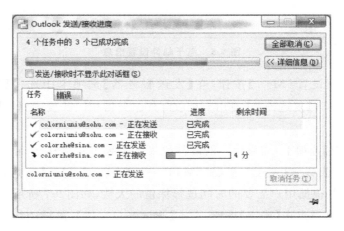

图 9-9　接收邮件

等所有邮件接收完毕后，查看收件箱，可以看见邮箱里的邮件全部收到本地了，可以直接点击邮件进行阅览，如图 9-10 所示。

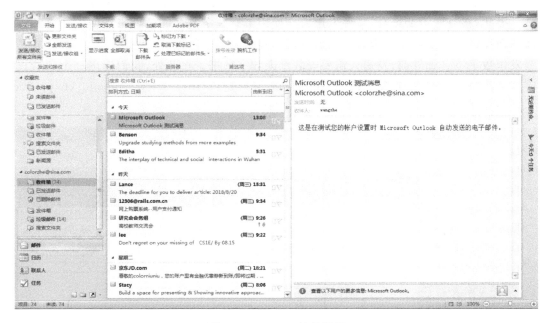

**图 9-10　Outlook 的收件箱**

发送邮件非常简单，特别适合群发邮件，点击【开始】选项卡中的【新建电子邮件】，弹出新建邮件窗口，如图 9-11 所示。在收件人栏中可以批量填入收件人，点击【发送（S）】按钮，即可以发送普通的未加密的邮件了。

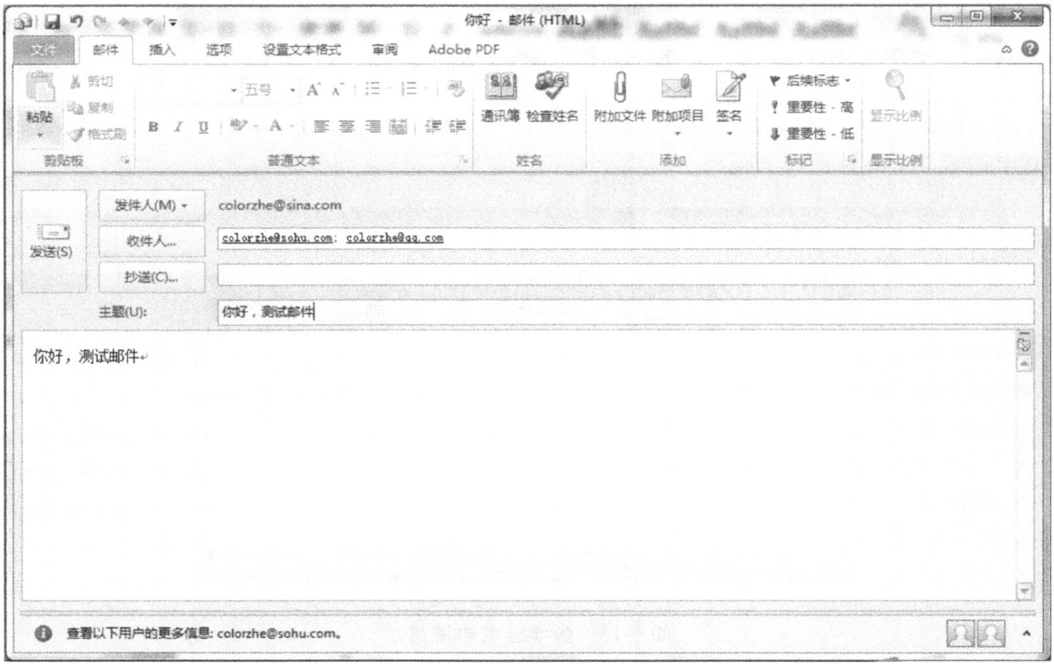

**图 9-11　新建邮件窗口**

### 9.1.3 利用 Outlook 2010 发送数字签名邮件

数字签名的邮件可以证明邮件一定是来自于发件人,第三者无法伪造带有数字签名的邮件。因此,在一些重要场合,邮件发送人会使用带有数字签名的邮件来证明发送人的真实性。下面详细介绍如何发送带有个人数字证书签名的电子邮件。

发送数字签名邮件前,发送人需要安装个人数字证书。在此处,我们选用一个免费提供数字证书的网站申请一个数字证书,申请网站地址是:http://www.comodo.cn/product/free_personal_email_certificate.php,填入申请信息后,如图 9-12 所示。

**图 9-12 申请个人数字证书**

点击【是(Y)】按钮即可在本机上安装数字证书对应的根证书,此时浏览器会提示数字证书申请成功,如图 9-13 所示。

**图 9-13 数字证书申请成功**

申请成功后,还需要进入自己邮箱,下载该数字证书的安装包安装到本机上,然后才可以开始使用该数字证书发送数字签名邮件。

点击 Outlook 2010 的收件夹,新收到的一封邮件即是从数字证书注册商发送过来的数字证书安装邮件,如图 9-14 所示,点击【Click & Install Comodo Email Certificate】按钮即可安装该邮件地址对应的数字证书了。

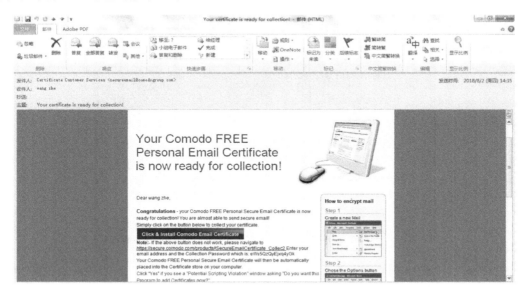

图 9-14    收到的安装数字证书邮件

点击【Click & Install Comodo Email Certificate】后,进入安装数字证书状态,如图 9-15 所示。

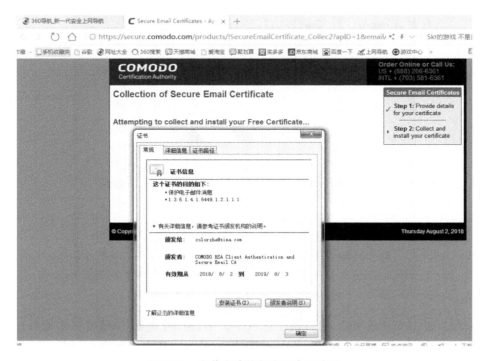

图 9-15    安装申请的数字证书到本机

点击【安装证书(I)...】按钮,在弹出的【证书导入向导】对话框中选择【根据证书类型,自动选择证书存储(U)】单选框,点击【下一步(N)】按钮,如图 9-16 所示。

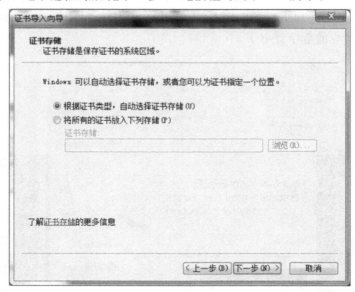

图 9-16　证书导入向导

证书安装结束后,在浏览器的【工具】菜单中选择【Internet 选项(O)】,在弹出的【Internet 选项】对话框中打开【内容】选项卡,点击【证书(C)】按钮,在弹出的【证书】对话框中选择【个人】选项卡,其中列出的是本机上已经安装的所有数字证书,如图 9-17 所示。

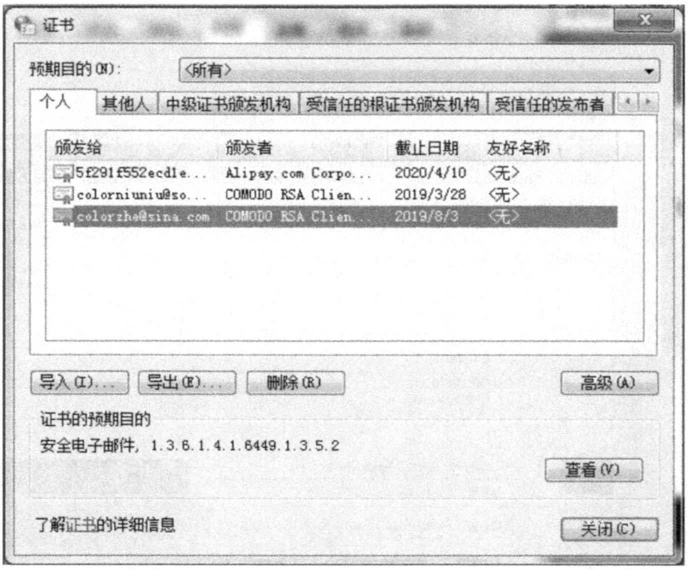

图 9-17　查看安装成功后的数字证书

个人数字证书安装成功后,可以选中该数字证书,点击【查看(V)】按钮来查看该数字证书的基本信息,可以看到数字证书的有效期等信息,最下方还有一行提示:【您有一个与该证书对应的私钥。】,表明该数字证书可以被用户使用,如图 9-18 所示。

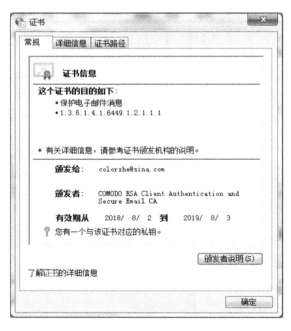

图 9-18　查看安装好的数字证书

　　数字证书安装成功后,可以利用该数字证书发送带有数字签名的邮件了。选择【文件】/
【选项】命令,在弹出的【Outlook 选项】对话框中点击【信任中心】,选择【信任中心设置】,再
在弹出的【信任中心】对话框中点击【电子邮件安全性】,如图 9-19 所示,可以在其中选择发
送邮件的类型。

图 9-19　电子邮件的安全性

选中【给待发邮件添加数字签名（D）】复选框，从本机上安装的数字证书中选择本邮箱对应的数字证书，如图 9-20 所示，点击【确定】按钮。

**图 9-20　为数字签名邮件选择数字证书**

点击【确定】按钮后，在弹出的【更改安全设置】对话框的【安全设置名称（S）】文本框中设置该安全设置的名称，如图 9-21 所示，再点击【确定】按钮，以后用该邮箱发送的邮件就可以直接应用该数字证书了。

**图 9-21　数字证书和邮箱进行绑定成功**

新建一个邮件，如果要引用数字签名，在【属性】对话框中点击【安全设置（T）...】按钮，在弹出的【安全属性】对话框中勾选【为此邮件添加数字签名（D）】复选框，选择刚刚命名的安全设置，如图 9-22 所示，点击【确定】按钮。

**图 9-22　新建邮件时选择邮件安全性设置**

在【收件人...】中填入邮件的接收入，再分别输入邮件主题和邮件内容，如图 9-23 所示，点击【发送（S）】按钮。

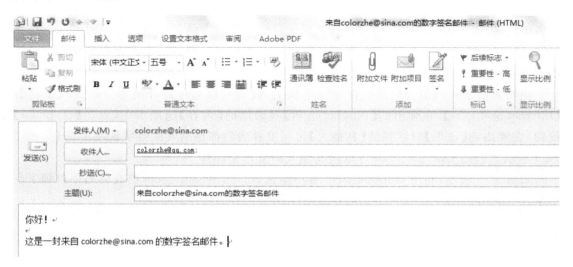

**图 9-23　发送带有数字签名的邮件**

点击【发送（S）】按钮后，带有数字签名的邮件即发送出去了。在已发送邮件文件夹中可以看到该邮件，如图 9-24 所示，可以看到带有数字签名的邮件在右上角有一个的特殊标识：一个红色的领结，这个标识就是数字签名的标识。

图 9-24　已发送邮件夹中的数字签名邮件

## 9.1.4　利用 Outlook 2010 发送数字证书加密邮件

数字证书除了可以用来发送数字签名的邮件外，有时候为了邮件内容的保密，还可以向接收方发送数字证书加密的邮件，应用中也较为常见。

按照图 9-1 所示的加密原理，发送数字证书加密邮件需要使用接收方的公钥加密文档，通常情况下我们没有接收方的公钥，是无法对其发送加密邮件的。

如果要利用 Outlook 2010 向接收方发送加密邮件，需要接收方向发送方发送一封数字签名邮件，发送方收到接收方的签名邮件后即得到了接收方的公钥信息。原因是数字加密必须使用接收方的公钥加密，接收方发送数字签名邮件的过程就是发送方得到接收方公钥的过程。

接收方数字证书的公钥信息存储在本机上，我们可以通过打开浏览器，选择【工具】/【Internet 选项（O）】，在弹出的【Internet 选项】对话框的【内容】选项卡中，点击【证书（C）】按钮，在弹出的【证书】对话框的【其他人】选项里看到的都是别人的数字证书的信息，如图 9-25 所示。利用 Outlook 2010 可以向其他人回复加密邮件。

如图 9-26 所示，利用 Outlook 2010 客户端在 colorzhe@sina.com 的收件箱中收到了一个来自 colorniuniu@sohu.com 的数字签名邮件。

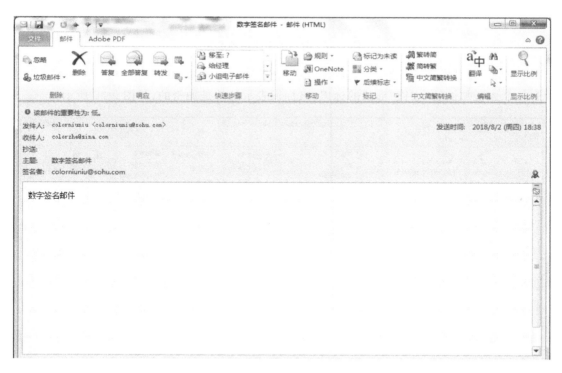

图 9-25  查看其他人数字证书公钥信息

图 9-26  收到的数字签名邮件

点击【答复】按钮，在邮件主题和邮件内容内都输入：【数字证书加密邮件】。在【属性】对话框中点击【安全设置（T）…】按钮，在弹出的【安全属性】对话框中选中【加密邮件内容和附件（E）】复选框，点击【确定】按钮，如图 9-27 所示。

回到新建邮件，点击【发送（S）】按钮，这个时候即完成了利用发送方 colorzhe@sina.com 的邮件账户向接收方 colorniuniu@sohu.com 发送数字证书加密的电子邮件的操作。

图 9-27　发送加密邮件的设置

点击左侧【已发送邮件】文件夹，可以点击查看这封已经加密的邮件内容，可以看到右上角有一个加密邮件的"小锁"形状的标识，该标识表示邮件是加密的，如图 9-28 所示。

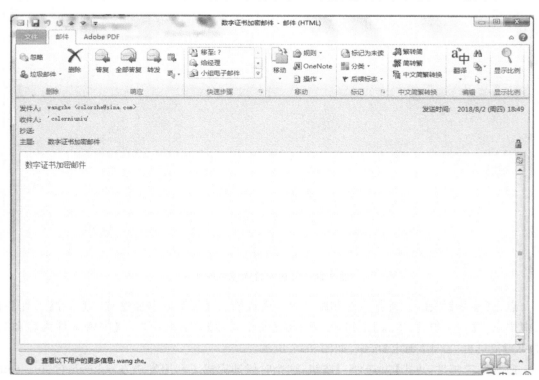

图 9-28　发送出去的加密邮件

## 9.2　OneNote 2010 的应用

OneNote 2010 为用户提供了一个用于存储想法和信息的位置,它比用户的记忆能力更强,搜索起来更为方便。使用它可以捕获文本、图像、视频和音频笔记,从而使所有重要内容都便于访问。OneNote 2010 启动后的基本工作界面如图 9-29 所示。

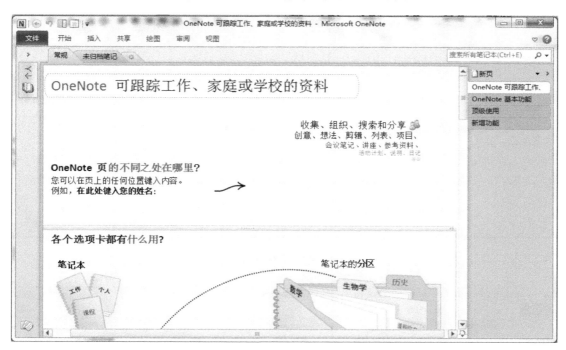

**图 9-29　OneNote 2010 启动界面**

OneNote 2010 中新建的"笔记本"可以包含若干个"分区","分区"可以包含若干个"页","页"可以包含若干的"编辑框","编辑框"即存储笔记内容的区域。

### 9.2.1　新建笔记本

笔记本是 OneNote 2010 中最重要的元素之一,它们类似于 Windows 中的文件夹,但每个单独的页面会作为独立的列表项目出现。

点击【文件】菜单,选择【新建】,OneNote 会提示笔记本存储的区域,如果存储在本机,选择【我的电脑】,输入新笔记本的名称,选择存储的位置,点击【创建笔记本】,如图 9-30 所示。

新建的笔记本的名称显示于左侧,双击新建的笔记本名称,可以打开【笔记本属性】对话框,如图 9-31 所示,可以通过此操作更改笔记本名称,更改存储位置等。

笔记本除了可以存储在本机上以外,创建的笔记本还可以存储在网络上,从而更加方便共享。

### 9.2.2　新建笔记本的"分区"

新建笔记本之后需要做好分区,如图 9-32 所示,右击笔记本上面的【新分区 1】,在弹出的快捷菜单中选择【重命名】,输入新分区的名称。

图 9-30　新建笔记本

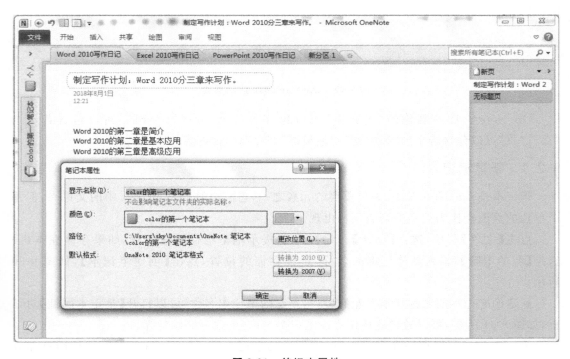

图 9-31　笔记本属性

　　单击分区后面的【创建新分区】键,即可开始新建一个分区,点击新分区即可对分区进行重命名,输入新建的分区名称即可。新建了三个分区的笔记本如图 9-33 所示。

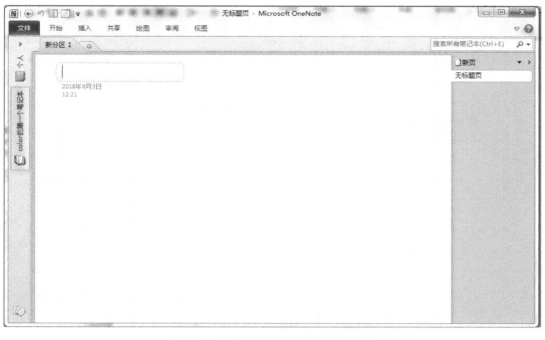

图 9-32 在笔记本中对新分区进行命名

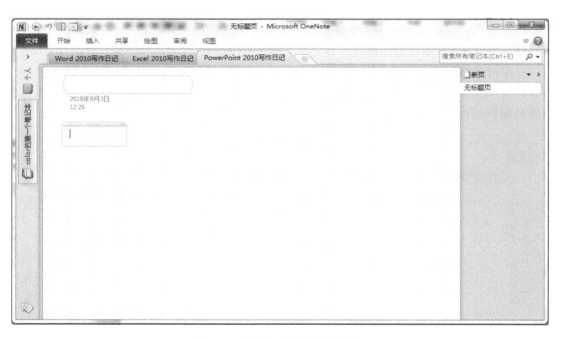

图 9-33 新建三个分区的笔记本

## 9.2.3 新建分区中的"页"

选择【Word 2010 写作日记】的分区,在下面记录区输入页的标题:【制定写作计划:Word 2010 分三章来写作。】,如图 9-34 所示。下面我们可以在该页的任何位置点击即可输入一段文字,选择其他位置再次单击输入就可以形成新的编辑框。

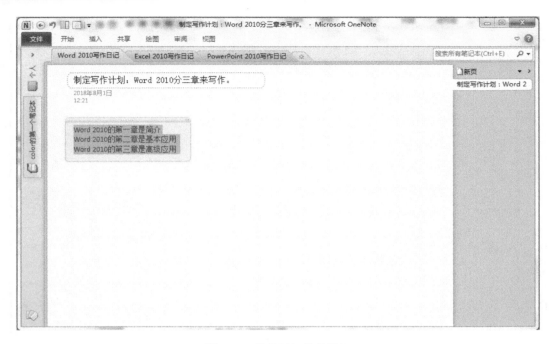

图 9-34  某分区记录的笔记

将鼠标放到编辑框的最上面可以随意拖动位置，方便进行更改。在 OneNote 2010 中编辑的操作和 Word 2010 中一样，可以插入各种 Office 支持的文件，直接单击菜单栏中的【开始】【插入】【绘图】等进行操作即可。

一个分区可以包含多个"页"，单击分区右上角的【新页】，输入新的页标题为【Word 2010写作的日期安排】，如图 9-35 所示，在下面编辑区，点击一下鼠标即可输入内容，换一个位置在新的编辑框内又可以输入新的笔记内容。

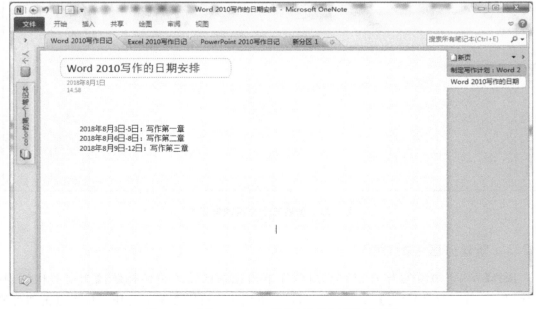

图 9-35  在【Word 2010 写作日记】分区下新建页

一个包含有三个分区，其中第一个分区包含两个页面，每个页面包含多个文本框的笔记本如图 9-36 所示。

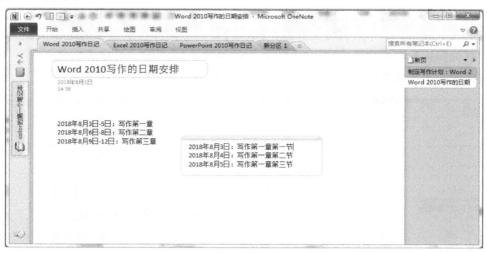

图 9-36　包含多个分区及页面的笔记本

 **9.3**　Publisher 2010 **的应用**

利用 Publisher 2010 可以让我们更轻松地设计、创建和发布专业的营销和沟通材料。Publisher 2010 的启动界面如图 9-37 所示。

图 9-37　Publisher 2010 的启动界面

## 9.3.1　创建出版物

开始制作出版物的最佳方法是在打开 Publisher 2010 时就选择预先设计的模板。一旦选择模板后，系统就会提供用于更改模板颜色、字体、文本和图形的选项。

在打开 Publisher 2010，点击【文件】，选择【新建】，从【我的模板】开始新建出版物，或者从【可用模板】里选择【联机模板】，在下面的模板类别里选择一种模板，开始创建出版物。下面以新建一个贺卡为例，介绍如何利用 Publisher 2010 完成该出版物的设计。

在 Publisher 2010 中，选择【文件】，在【新建】窗口中选择搜索模板的范围为【已安装的模板和联机模板】，在搜索框中键入"卡片"，结果如图 9-38 所示。可以看到搜索到了大量本机的模板和一个在线的模板。

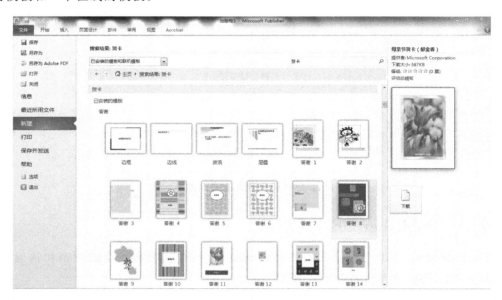

图 9-38　从模板开始创建出版物

点击一种模板，即利用该模板创建了一个出版物，如果对该模板不满意，如图 9-39 所示，选择【页面设计】选项卡，点击【更改模板】按钮，在弹出的【更改模板】对话框中再重新选择其他模板即可。

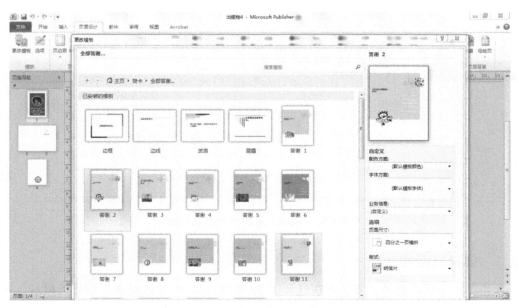

图 9-39　更改出版物的模板

利用模板新建的出版物如图 9-40 所示。

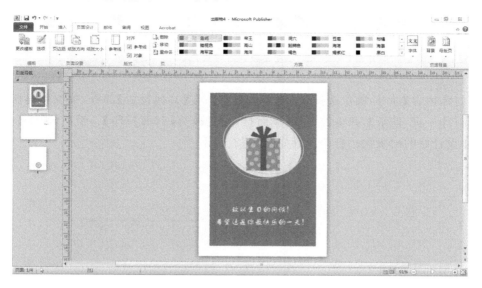

图 9-40　利用模板创建的贺卡

### 9.3.2　打印出版物

能够生成高质量的打印出版物是 Publisher 2010 的一大优点。此类出版物既可以在用本机打印，也可以联网打印。

选择【文件】/【打印】，在左侧窗格中会显示打印的相关设置，界面中间显示预览窗格。

注意：对左窗格中设置所进行的更改会影响预览和打印的结果；对预览窗格中的设置所进行的更改将影响预览，而不会影响打印的结果。

点击【打印】按钮，显示的页面如图 9-41 所示。

图 9-41　Publisher 的打印窗格

若要为出版物配置打印设置，可执行以下操作：单击【文件】选项卡，打开 Backstage 视图，单击【打印】按钮，打开打印设置页。

注意：可能需要稍等片刻，Publisher 才能连接到打印机。

在【打印内容】部分，确保选择了【整个出版物】，在【其他设置】部分，确保将出版物设置为【每版打印一页，信纸】，并将设置从【单面打印】更改为【双面打印】。最后，单击【打印】按钮以打印设计好的出版物。打印设置如图 9-42 所示。

图 9-42　出版物的打印设置

# 习　题　9

## 一、选择题

1. Outlook 2010 提供了几个固定的邮件文件夹，下列说法正确的是（　　　）。

　A. 收件箱中的邮件不可删除

　B. 已发送邮件文件夹中存放已发出邮件的备份

　C. 发件箱中存放已发出的邮件

　D. 不能新建其他的分类邮件文件夹

2. 在 Outlook 2010 中创建电子邮件时，【收件人…】和【抄送(C)】文本框中，收件人和抄送那一栏的多个邮件地址应（　　　）填写。

　A. 收件人一栏只能用逗号分隔开，但是抄送一栏中也可以用分号分隔开

　B. 收件人一栏只能用分号分隔开，但是抄送一栏中也可以用逗号分隔开

　C. 收件人和抄送一栏中都只能用分号分隔开

　D. 收件人和抄送一栏中既可以分号隔开，也可以用逗号隔开

3. 关于 OneNote 2010 的说法中,正确的是(    )。

A. OneNote 2010 只能用于本地存储

B. OneNote 2010 中的"页"可以包含多个分区

C. OneNote 2010 中的"页"可以包含多个文本框

D. OneNote 2010 中"笔记本"是比"分区"小的存储单位

4. 下列关于 Publisher 2010 的说法中,正确的是(    )。

A. Publisher 2010 只能通过模板开始创建出版物

B. Publisher 2010 建立的出版物扩展名是.pub

C. Publisher 2010 只支持单面打印出版物

D. Publisher 2010 不支持邮件合并功能

5. 下列关于 Outlook 2010 发送邮件中说法正确的是(    )。

A. 发送数字签名邮件需要接收方的公钥

B. 发送加密邮件需要发送方的私钥

C. 不能发送带数字签名的加密邮件

D. 收到对方的数字签名邮件后即可向对方发送加密邮件

二、简答题

1. Outlook 2010 配置中接收邮件服务器和发送邮件服务器应如何选择?

2. 如何才能申请个人数字证书?

3. 加密邮件的基本原理是什么?

4. 数字签名邮件的基本原理是什么?

5. OneNote 2010 中的"笔记本"、"分区"和"页"有什么关系?

三、操作题

1. 向电子邮箱 colorzhe@sina.com(或其他邮箱)发送一封数字签名邮件。

2. 利用 OneNote 2010 建立一个记事本,要求:

(1)记事本命名为"张三的学习笔记本";

(2)分类记载语文、数学、英语三个科目的笔记;

(3)每个科目的笔记要分页按照日期的先后顺序记载。

# 参 考 文 献

[1] 王作鹏,殷慧文. Word Excel PPT 2010 办公应用从入门到精通[M].北京:人民邮电出
版社,2013.

[2] 龙马高新教育. Office 2010 办公应用从入门到精通[M].北京:北京大学出版社,2017.

[3] 付兵,蒋世华.Office 高级应用案例教程[M].北京:科学出版社,2017.

[4] 雏志资讯. Office 2010 高效办公应用技巧[M].北京:人民邮电出版社,2016.